广州市科学技术协会
广州市合力科普基金会　　资助出版
广州市南山自然科学学术交流基金会

自然资源与环境质量定量评估体系的编制与应用

主　编　周　婷
副主编　廖慧璇
主　审　彭少麟

科学出版社
北　京

内 容 简 介

本书着眼于构建科学合理、可操作性强的自然资源资产和资源环境承载力量化评估体系，对自然资源资产负债评估和资源环境承载力评估分别进行了系统的理论综述，并按照资源和环境的大类逐步落实评估体系的要素层、要素和具体的量化方法，从而展示了自然资源和环境质量的定量评估体系的构建过程。基于自然资源资产负债评估和生态承载力评估与预警体系两项工作的重要性及探索属性，本书从以下几个角度进行阐述：第 2 章和第 3 章分别对两个体系的相关概念和国内外研究现状进行概述，总结两项工作的特点和发展趋势，然后在此基础上提出两个体系的编制思路，搭建体系框架；第 4 章探讨两个体系的应用前景，并提出了未来的发展方向；第 5 章以深圳罗湖区为例，详细示范了如何运用本书提出的自然资源资产负债体系和生态承载力评估与预警体系对区域现状进行评估，并对区域实践进行指导。

本书可为从事自然资源资产和资源环境承载力信息化管理、研究的政府部门、企业等单位的相关领导和技术人员提供学习参考，亦可作为从事自然资源资产核算和应用、自然资源资产信息化应用研究的科研工作者及研究生、本科生的参考教材。

图书在版编目（CIP）数据

自然资源与环境质量定量评估体系的编制与应用/周婷主编.—北京：科学出版社，2018. 3

ISBN 978-7-03-056423-8

Ⅰ. ①自… Ⅱ. ①周… Ⅲ. ①自然资源-国有资产-资金平衡表-编制-研究-中国 ②环境保护-环境质量评价-研究-中国 Ⅳ. ①F231.1 ②X321.2

中国版本图书馆 CIP 数据核字（2018）第 017306 号

责任编辑：席 慧 刘 晶 / 责任校对：彭 涛

责任印制：赵 博 / 封面设计：铭轩堂

科学出版社 出版

北京东黄城根北街 16 号

邮政编码：100717

http://www.sciencep.com

北京华宇信诺印刷有限公司印刷

科学出版社发行 各地新华书店经销

*

2018 年 3 月第 一 版 开本：720×1000 1/16

2025 年 1 月第六次印刷 印张：9 1/2

字数：186 000

定价：78.00 元

（如有印装质量问题，我社负责调换）

编委会名单

主　编　周　婷

副主编　廖慧璇

编　委　周　鹏　籍永丽　樊哲翾

范明华　彭莳嘉　康路遥

甘　倩　黄仰婷　原亚茹

主　审　彭少麟

序

很高兴看到一本总结自然资源资产和资源环境承载力的量化评估实践的理论专著，明显带有理论高度而又接地气的特征。自然资源资产负债表编制和资源环境承载力评价事关自然资源“价值几何”和资源环境“最大负荷”的重大基本科学命题，也是自然生态保护和生态文明建设的基础核心问题之一。党的十八届三中全会做出重大决定，要探索编制自然资源资产负债表和建立资源环境承载力监测预警机制。显然，这两项工作的重大意义是不言而喻的。然而，尽管如何进行自然资源资产和资源环境承载力的量化评估这两项工作已经有了许多积累，但总体上至今没有成熟的思路和方法。该书正是以区域实例研究为基础，对这两方面工作进行了较为系统的论述。

关于自然资源的数量化，书中是通过编制自然资源资产负债表来进行的。意在阐明资源的有效持有量，回答自然资源“曾经有多少”、“一段时间内收支多少”和“现在还剩多少”等问题，强调资源的有价性，无论是实物价值量，还是生态服务功能价值，都是货币化表示，从而可以进行直观的数量评估和直接的量化管理。

关于资源环境承载力的数量化，书中是通过侧重于资源环境的不同属性，建立资源环境承载力监测预警机制来进行的。意在阐明资源环境的耐性和调节能力，回答资源环境承载力“可以用多少”和“可以承受多少”等问题，强调资源的有限性、稀缺性和弹性，从而进行有效地规划和监测预警。

在方法学上，该书对自然资源资产负债表编制和资源环境承载力评价的传统方法进行了有意义的整合，尤其是对如何简化评价方法进行了有益的探索，无疑将会极大地促进实践上的应用。

2017年11月底我拿到该书初稿时，正值中共中央办公厅、国务院办公厅印发了《领导干部自然资产离任审计规定（试行）》，对领导干部自然资产离任审计工作提出具体要求，并发出通知，要求各地区各部门结合实际认真贯彻执行。显然该书对贯彻落实这一通知提供了有效的技术支撑。前不久与同仁讨论生态经济学研究生课程参考教材时，我也推荐了该书。总之，希望该书能在提高自然资源保护理论、解决相关社会生态实践和培养人才等方面发挥更大的作用。

彭少麟

2018年元月于中山大学

目　　录

第1章　绪　　论

探索编制自然资源资产负债表和建立资源环境承载力监测预警机制是十八届三中全会做出的重大决定。这两项工作相比以往生态文明建设及环境保护评估的各种方法，有极大的优势。一方面，其覆盖的面很广，不仅仅局限于以往的生态旅游、生态补偿、低碳生活、企业管理、产业调整与升级和自然保护区建设等相关方面，而是涉及了生产生活的各个方面，因此，是对自然资源与环境质量的一个全局把控；另一方面，它促使全国从上到下，不同行政区域尺度，有一个共同的标准，一张自然资源资产负债表、一个生态承载力评估现状与预警结果，就基本上反映了当地资源环境状况，就可以作为官员政绩及离任考核的参考。而从更大的社会尺度和历史尺度而言，这些举措关系着社会生态文明建设与社会的可持续发展。

生态经济学家认为，为了实现人与自然和谐、可持续的发展，人类必须要维持好生态资产的储备（Daly and Cobb，1989；Pearce et al.，1989）。在我国，多年来基本上走的是一条高投入、高消耗、高污染、低效益的工业化道路，在经济高速增长的同时，人口、资源、环境问题日益突出。针对日益恶化的生态环境，可持续发展原则成为了我国社会主义建设新时期的一项基本准则（虞依娜等，2007；王如松和欧阳志云，2012）。事实上，“人与自然和谐共处”的哲学思想在我国源远流长。早在诸子百家时期，道家、儒家等流派就先后提出过顺应自然、与自然融为一体的思想。老子在《道德经》中曾写道：“人法地，地法天，天法道，道法自然”，表达了人是自然的一部分，故而应当顺应自然规律、与自然相协调的思想。而《论语·先进篇》中，将与自然融为一体的生活描述为“暮春者，春服既成，冠者五六人，童子六七人，浴乎沂，风乎舞雩，咏而归”，表达了与自然融为一体时发自内心的精神愉悦。

党的十八大以来，以习近平同志为核心的党中央高瞻远瞩、战略谋划，提出了经济、政治、文化、社会和生态“五位一体”的总体建设布局。习总书记站在人类文明演进的高度，对当代中国的生态文明建设发表了系列重要讲话。习总书记关于生态文明建设思想的内涵体系非常丰富，其问题指向包括：生态兴衰与文明变迁的关系问题——生态兴则文明兴，生态衰则文明衰；当代中国的重大现实问题——生态文明是实现中华民族伟大复兴中国梦的重要内容。其核心基点包括：生态环境本质的历史唯物主义界定——生态环境就是生产力；生态文明建设的终极价值取向——良好的生态环境是最公平的公共产品与最普惠的民生福祉。其实践指向包括：理念思路——尊重自然、顺应自然、保护自然与确立生态红线观念；切入点——着力解决损害群众健康的突出环境问题；制度后盾——最严格的制度和最严密的法治是生态文明建设的可靠保障；系统合作——生态文明建设是复杂的系统工程。习近平同志的生态文明建设思想继承并发展了马克思和恩格斯“人与自然和谐”的思想，传承了中国传统文化中的生态智慧，深化了对社会发展规律的认识，创新拓展了新时期党的执政理念（李全喜，2015）。

2012 年 11 月，党的十八大首次将生态文明建设作为“五位一体”总体布局的一个重要部分；十八届三中、四中全会先后提出“建立系统完整的生态文明制度体系”、“用严格的法律制度保护生态环境”，将生态文明建设提升到制度层面；十八届五中全会提出“创新、协调、绿色、开放、共享”的新发展理念，生态文明建设的重要性愈加凸显。2017 年 5 月 26 日，中共中央政治局就推动形成绿色发展方式和生活方式进行集体学习，习近平总书记再次强调，要充分认识形成绿色发展方式和生活方式的重要性、紧迫性、艰巨性，把推动形成绿色发展方式和生活方式摆在更加突出的位置。2017 年 10 月 18 日，习近平同志在十九大报告中指出，必须树立和践行绿水青山就是金山银山的理念，坚持节约资源和保护环境的基本国策，像对待生命一样对待生态环境，统筹山水林田湖草系统治理，实行最严格的生态环境保护制度。习近平强调指出，生态文明建设功在当代、利在千秋。我们要牢固树立社会主义生态文明观，推动形成人与自然和谐发展现代化建设新格局，为保护生态环境作出我们这代人的努力！

从社会横向地位来看，生态文明与物质文明、精神文明、政治文明和社会文明是并列的，各自有其自身的文明内涵。在这五大文明中，物质文明是根本，政治文明是保障，精神文明是灵魂，社会文明是目标，而生态文明则起着基础的作用。从历史纵向地位来看，人类文明经历了原始文明、农业文明、工业文明，生态文明是一种进步的文明形态，是人类迄今最高的文明形态，也是我们希望的未来社会形态。尽管生态文明的建设任重道远（彭少麟，2016），但核心是需要通过切实的措施来促进生态文明的发展。

从 2012 年到 2017 年，“生态文明建设”从指导思想真真正正变成为许多民众文化意识的一部分，也一步一步成为我国新时期建设的重要部分。生态文明建设成果给民众生活带来了实实在在的改变，也为今后的生态文明建设提供了诸多值得借鉴的经验。

谚语有云“算了再用常有余，用了再算悔已迟”。编制自然资源资产负债表及资源环境承载力监测预警机制，两者均是全面开展地理国情监测、深化地理国情信息应用的重点任务，也是我国建设《生态文明体制改革总体方案》的核心内容和要求。为此，必须强化科学的量化评估体系研究，以确保生态文明建设顺利、有效推进。

目前科学的量化评估体系研究主要在两个层面展开，一是学术上的理论研究，二是实践探索。

理论研究主要是评价方法的研究和评价体系的构建，包括单一指标评价法和多指标评价法。杨开忠（2009）率先用“生态效率”来衡量生态文明水平的高低，这种单一指标评价方法看似简明扼要，但实际计算涉及的问题要复杂得多。大多数研究采用的是多指标综合评价体系，这些研究以特定空间为对象，借鉴可持续发展能力评估的方法，按照“目标—系统—变量（指标）”的思路，根据各自对生态文明概念的理解，构建不同的生态文明建设体系，并提出了大量相似或相异的指标。例如，高珊和黄贤金（2010）以江苏省为对象，提出了基于绩效评价的区域生态文明指标体系，涉及增长方式、产业结构、消费模式和生态治理4个系统共12个指标；蒋小平（2008）以河南省为对象，根据自然生态环境、经济发展、社会进步三个方面，提出了包含20个指标的评估体系；高吉喜（2010）针对张家港市生态文明建设提出了探索思路，从生态意识文明、生态行为文明、生态制度文明、生态环境文明及人居环境文明5个系统提出涉及30个指标的评估体系；梅珍生和李委莎（2009）从转变思想观念、政府间协调、部门联动、大众参与等6个方面探讨了武汉城市圈生态文明建设；金芳（2008）分析了我国西部地区在生态文明建设方面存在的问题，从建立绿色国民账户、绿色GDP考核制定、行政补偿制定等方面提出了生态文明建设策略；王如松（2010）提出从生态文明支撑体系、彰显体系、运作体系和保障体系来进行城市生态文明建设。

实践探索则是在评价体系的基础上，对选定区域进行体系的实践应用，检测体系的适用性，评估区域的现状，并对区域未来的发展提供基础数据参考。国家开展的一系列区域生态示范创建活动也极大地促进了这一领域的发展，带动评价体系由学术研究走向实践应用。Zhu等（2010）从生态意识、生态制度、生态经济、生态社会和生态环境5个方面，用人均GDP、基尼系数和地表水功能优标率等40个建设指标评价了太湖流域典型城市生态文明建设状况。Wang等（2010）提出从生态宣传、生态教育、生产行为、生活行为、环境质量、环境管理制度和政府工作绩效7个方面进行建设，涵盖人均GDP、单位GDP水耗和噪声达标区覆盖率等36个建设指标。

然而，目前对这方面研究还存在一些不足。首先，规划指标体系和方法没有统一标准，大多是根据研究区的实际情况和专家咨询确定规划方法及目标，缺乏客观性和横向比较。其次，规划大多基于现有资料，对现有城市和产业状况进行评价，对未来城市发展和产业布局进行规划，缺乏监督机制和跟踪评估方法（白杨等，2011）。

“自然资源资产负债表”这一概念是为了完善环境治理和生态修复制度、加强对领导干部的考核而首次提出的。自然资源资产负债表应该是自然资源资产状况表，表明一届政府任期内发展经济所耗用的自然资源资产、生态环境破坏程度的状况，它包含资产量、消耗量、损害程度、结余量等各种项目的综合列表，就是把自然资源资产进行量化，通过存量、消耗、结余（正或负）进行衡量，考核领导干部发展经济对资源和生态环境的破坏状况或修复程度。在全面深化改革的新形势下，这一概念的提出有其重要的历史意义和深远的现实意义。首先，自然资源资产负债表的编制起源于自然资源核算与国家资产负债表的研究，将自然资本价值尽可能编列在资产负债表上已成为国内外学术界的共识。但目前编制自然资源资产负债表与生态服务评价体系是一个崭新的课题，至今没有成熟的思路和方法。其次，自然资源与生态服务是地区发展及建立宜居环境的重要保障，建立自然资源资产与生态服务评价体系是完善资源与环境管理、规范市场行为，以及政府监管的重要基础。该评价体系改变过去单一考核 GDP 的弊端，将对资源与环境的影响纳入政府部门的绩效审核。负债表的编制可为自然资源资产管理者提供信息，有益于咨询和监督，其最终目的在于推动生态文明建设，使领导干部守法守纪、尽职尽责，切实履行自然资源资产管理和生态环境保护责任，促进自然资源资产集约利用和生态环境安全，平衡自然与经济发展之间的关系。伴随人类经济活动对自然资源利用强度不断加大，保护自然资源、保证其永续利用的必要性越来越突出，可以说，没有自然资源的永续利用，就不可能有经济社会的可持续发展。为达此目标，必须将自然资源管理纳入经济社会发展统一规划之中，而实现有效管理的基本前提就是要仔细清算自然资源这笔账。

区域生态承载力评估尽管走过了多年的发展历史，但资源环境承载力评估及预警体系的发展仍不完善、不统一，如今更是被提到了更重要的地位，成为生态文明建设不可或缺的一环。自然环境、社会、经济、技术等众多因素构成维系环境质量的一种综合能力，对抗、消除或减少因发展经济而产生的各种污染排放造成的环境压力，与环境容量大小、经济发展水平、环保技术水平高低、政府与人民重视程度、经费投入、经济结构、能源结构状况密切相关，故衡量环境承载力可有多个指标，可根据需要而设定。在全球经济一体化时代，各地的资源可按经济规律互通有无。这种理解有利于探讨不同地域经济发展与环境保护之间的关系。世界（包括中国）经济发达地区的发展历程就说明了地区的经济发展主要受到环境、经济规律与地缘政治的约束，并不存在明确的资源上限这一事实（如北京、迪拜等）。近年来，随着中国人口的迅猛增长、社会经济的快速发展，以及土地、矿产、水资源等自然资源的快速消耗，产生了一系列的生态环境问题，中国许多地区的环境容量早被突破了。这严重威胁到国家与区域的生态安全及人类社会的可持续发展。为了保持社会经济的可持续发展，关键之一就是要了解区域人类活动的强度是否超过了生态系统的承受与调节能力，进而采取有针对性的对策与措施（徐卫华等，2017）。管理者现在要抓环保，制定了排污总量控制体系、环境质量控制体系，就必须确定总量控制的底线，这就需要计算环境容量（周敬宣和周业晶，2016）。近年来，有关承载力的研究受到国家层面的关注，并提出要建立资源环境承载力监测预警机制，区域资源环境承载力状况已成为国家社会经济发展规划的重要决策依据之一（封志明等，2016）。2017 年 4 月，国家发展和改革委员会有关负责同志就维护国家生态安全答记者问时指出:“生态问题不仅仅是群众和社会舆论关心的焦点问题，更直接关系到经济社会的长远发展，事关国家兴衰和民族存亡，必须上升到国家安全战略的层面来研究和应对。我国的生态安全政策重点强调的两个方面之一就是必须要处理好涉及生态环境的重大问题，包括妥善处理好国内发展面临的资源环境瓶颈、生态承载力不足的问题”。资源环境承载力评估是制定可持续发展规划的基础和依据，只有清楚我们所处的生态系统能够提供多大的资源支持，我们的环境能容纳多大的人类活动力度，才能在经济社会发展中做到有的放矢，心中有数，不至于盲目追求发展而过度消耗资源、破坏生态环境，导致得不偿失。

自然资源资产负债表的编制是基于可持续发展理论、利益相关者理论、博弈论与信息经济学而逐步形成的（孙志梅等，2016），其对应的层次是“自然环境＋社会经济”，处于生态学、环境学、资源学、经济学、社会学等众学科研究的范畴，同时也是一项涉及环保、国土、林业、水利、农业、海洋、能源等多部门的工作，因此其应用的形式及信息所涉及的方面必定也是丰富且多元的。

自然资源资产负债率是对一定时期辖区内的自然资源受损程度、开发程度、破坏程度及破坏生态环境进行的综合评价。通过核算自然资源资产的存量及其变动情况，以全面记录当期（期末－期初）各经济主体对自然资源和生态资产的占有、使用、消耗、恢复和增值活动，评估当期自然资源和生态资产实物量及价值量的变化。自然资源资产负债表为评价一段时期内施政者的资源消耗行为，提供了一个公平的量化指标，其目的是扭转地方发展评估中唯 GDP 论英雄的倾向。

资源环境承载力评估与预警体系是基于供需平衡理论、生态弹性理论与可持续发展理论进行编制的。与自然资源资产负债体系一样，对应于“自然环境+社会经济”层次，处于生态学、环境学、资源学、经济学、社会学等众学科研究的范畴。资源环境承载力作为评价一个地区的资源环境能够支撑和容纳多大强度的经济建设活动及人类活动的指标，是优化国土空间布局、实现可持续发展战略的基础。

资源环境承载力监测预警机制是完善自然资源用途管制制度的重要依据，属于自然资源资产产权监督管理体制的范畴，明确承载力的大小和阈值是考核自然资源资产负债的评判来源，也是对所有者开发使用生态空间的制衡，诚如孟子所说“人有不为也，而后可以有为”。

自然资源资产负债体系与资源环境承载力评估预警体系有着相似的理论基

础和共同的目的。如果以一个个体的角度来比拟负债和承载力的联系及区别，那么实体资产高可理解为一个人身强体壮，也就是说有得天独厚的物质基础；隐性资产高，表明这个人是一位身价高的复合型人才，除了固有的基本价值外，还能创造更多难以预估的隐性价值，在不同的社会背景和经济基础的调节下，这些隐性价值呈现出多寡之分、强弱之别，相互关联又可反哺于实物性资产。如此理解，那么负债低则表现为这一个体较少生病，能抵御常规的自然及人类活动的干扰，抵抗、愈合能力好，在为人处世方面亦不同流合污、不为非作歹等，与此同时，更多地反映出培育这一个体所需要的投入或者超负荷运行后的营养补给等。承载力高的个体，说明这个人耐力好，吸收消化好，调节能力好，有着较好的身体素质。一个负债低、所有者权益高的系统，很可能具有较优的资产积累趋势，勤俭持家，物尽其用；而资产价值高、负债低则可表现为食多耗少，善于储备，也可表现为靠吃老本度日，进益迟缓，资产由于数量下降而价格升高。在相似环境中，承载力高，负债一般会低，从而保持较高的期末结算的资产价值，但是当人类对自然资源过度开发或不合理耗用超过了自然资源的承载力，则需要支付超载补偿成本；而承载力低，也可能使资产呈现虚高的状况，此时负债也相应被抬高。因此，资产的有限性会影响有价性，反过来，有价性也可用于指导资产有限性的风险权重。

由此可知，编制自然资源资产负债表，意在回答“曾经有多少”、“一段时间内收支多少”、“现在还剩多少”，表明资源的有效持有量。建立资源环境承载力监测预警机制，想了解的是“可以用多少”、“可以承受多少”，反映资源环境的耐性和调节能力。两项工作都涉及多学科交叉，需要复合型人才来完成，并且涉及多个职能部门的协调合作，与其他的比如经济建设、社会文化建设的相对单一性不同，因为生态文明建设本身是一项综合性系统工程。资源环境问题，究其本质是发展方式、经济结构和消费模式问题，是一项涉及经济、政治、社会、文化的系统工程，与生产、流通、分配、消费各个环节密切相关，与所有领域都有关系，任何部门、任何人都不能置身事外。“大鹏之动，非一羽之轻也；骐骥之速，非一足之力也。”唯有形成合力，我们才能完成建设生态文明、建设美丽中国的战略任务。

但两者也有不同之处。自然资源资产负债表强调资源的有价性，无论是实物量，还是生态服务功能，都是货币化表示，是市场经济发展的产物；而资源环境承载力强调资源的有限性，强调稀缺性、弹性。因此两者是从不同角度提出的，侧重于资源环境的不同属性，自然资源资产负债表编制和资源环境承载力评价事关自然资源“价值几何”和资源环境“最大负荷”这一基本科学命题，但同等重要。

两项工作都具有定量性，用统计数据来显示国家和地区资源环境现状，不是传统的定性评判，为官员离任审计提供了新的考核标准，而且两者都缺乏成熟的体系，需要不断探索。当前，自然资源资产负债表正处在探索试编阶段，资源环境承载力评价正在由分类评价走向综合计量的关键节点。尽管探索编制自然资源资产负债表和建立资源环境承载力监测预警机制是 2013 年十八届三中全会做出的重大决定，但与其密切相关的自然资源资产评估和资源环境承载力研究都已走过百年历程。

自然资源资产负债表编制缘起自然资源资产评估与国家资产负债表研制，将自然资源价值尽可能编列在国家资产负债表上已成为学界共识。但就目前而言，自然资源资产负债表编制尚无国际先例，联合国统计司研发的综合环境与经济核算体系（System of integrated Environment and Economics Accounting，SEEA）作为一种国际自然资源与环境核算统计标准，在包括中国在内许多国家得以实践与推广应用。国内科研机构在汲取国内外资源环境核算和国家资产负债表编制经验的基础上，从表式设计、资源核算开始自然资源资产负债表探索研究，并于多个生态文明先行示范区开展自然资源资产负债表编制研发与设计。2015 年 7 月，湖州市、安吉县自然资源资产负债表编制完成，这是中国第一张比较系统全面的市（县）自然资源资产负债表。2015 年 11 月，《编制自然资源资产负债表试点方案的通知》的印发，标志着中国自然资源资产负债表编制正式开始实物表编制试点。当前，中国自然资源资产负债表编制尚在探索试编阶段，在原型设计、负债核算与资产价值化等关键技术方面亟待突破，从分类到综合、从实物到价值、从理论到实践，实现编制技术的标准化、规范化与计算机化（封志明等，2016）。

资源环境承载力评价从分类到综合，已由关注单一资源约束发展到人类对资源环境占用的综合评估。前者以联合国粮农组织的土地资源承载力研究为代表，能值分析和生态占用则旨在探讨资源环境承载力综合评估方法。20 世纪 80 年代中期，联合国教科文组织（UNESCO）提出的增强承载力策略模型为发展资源环境承载力评估体系提供了重要参考。国内学者则长期致力于资源环境承载力评价方法本土化研究，在水土资源、生态环境和海洋资源等主要类别的资源环境承载力方面的成果在主体功能区划、人口发展规划和灾后重建规划等方面发挥了重要作用。2015 年国家发展和改革委员会“建立资源环境承载力监测预警机制”工作启动，标志着中国资源环境承载力研究正式由分类走向综合、由理论走向实践。但是受到种种因素限制，当前基于综合计量的资源环境承载力评价未有进展，资源环境承载力评价模型与指标有待标准化。资源环境承载力研究，亟待突破承载阈值界定与关键参数率定的技术瓶颈，从分类到综合、从定性到定量、从基础到应用，发展一套标准化、模式化、计算机化的评价方法（封志明等，2016）。

因此，本书着眼于构建科学合理、可操作性强的量化评估体系。对自然资源资产负债评估和资源环境承载力评估分别进行了系统的理论综述，并按照资源和环境的大类逐步落实评估体系的要素层、要素和具体的量化方法，从而展示自然资源和环境质量的定量评估体系的构建过程。基于自然资源资产负债评估和生态承载力评估与预警体系两项工作的重要性和探索属性，本书就两项工作从以下几个角度进行阐述：第 2 章和第 3 章分别对两个体系的相关概念及国内外研究现状进行概述，总结两项工作的特点和发展趋势，然后在此基础上提出两个体系的编制思路，搭建体系框架；第 4 章探讨两个体系的应用前景，并提出了未来的发展方向；第 5 章以深圳罗湖区为示例，详细示范了如何运用本书提出的自然资源资产负债体系和资源环境承载力评估与预警体系对区域现状进行评估，并对区域实践进行指导。

习总书记常强调“人民对美好生活的向往，就是我们的奋斗目标”。当“青山绿水”、“蓝天白云”、“鸟语花香”成为美丽中国的必需元素，当“绿水青山就是金山银山”成为人们文化意识的一部分时，“生态文明”就已然成为了美好生活中不可或缺的一部分，也就成为了我们党、国家和人民共同奋斗的重要目标。生态环境没有替代品，用之不觉，失之难存。通过探索编制自然资源资产负债表，理清自然资源家底，为推进生态文明建设、有效保护和永续利用自然资源提供信息基础、监测预警和决策支持，才能切实提高生态保护成效。然而，必须深刻意识到我国生态环境矛盾是一个历史积累过程，不是一天变坏的。因此，生态环境矛盾也不可能一天解决，生态文明建设之路任重而道远，需要我们不断强化理论研究和实践探索，摸索出一条适合我国国情的生态文明建设之路。

主要参考文献

白杨, 黄宇驰, 王敏, 等. 2011. 我国生态文明建设及其评估体系研究进展[J]. 生态学报, 31(20): 6295-6304.

陈红蕊, 黄卫果. 2014. 编制自然资源资产负债表的意义及探索[J]. 环境与可持续发展, 39(1): 46-48.

封志明, 杨艳昭, 江东, 等. 2016. 自然资源资产负债表编制与资源环境承载力评价[J]. 生态学报, 36(22):7140-7145.

高吉喜. 2010. 生态文明建设区域实践与探索：张家港市生态文明建设规划[M]. 北京：中国环境科学出版社.

高珊, 黄贤金. 2010. 基于绩效评价的区域生态文明指标体系构建——以江苏省为例[J]. 经济地理, 30(5):823-828.

蒋小平. 2008. 河南省生态文明评价指标体系的构建研究[J]. 河南农业大学学报, 42(1):61-64.

金芳. 2008. 西部地区的生态文明发展模式与策略研究[J]. 中国农村观察, (2):52-58.

李全喜. 2015. 习近平生态文明建设思想的内涵体系、理论创新与现实践履[J]. 河海大学学报(哲学社会科学版), 17(3): 9-13.

梅珍生, 李委莎. 2009. 武汉城市圈生态文明建设研究[J]. 长江论坛, (4): 19-23.
彭少麟. 2016. 生态文明的社会横向和历史纵向地位分析[J]. 中国科学院院刊, 31(11): 1271-1276.
孙志梅, 李秀莲, 高强. 2016. 自然资源资产负债表理论基础与目标定位[J]. 新会计, (1): 26-27.
王如松. 2010. 城市生态文明的科学内涵与建设指标[J]. 前进论坛, (10):53-54.
王如松, 欧阳志云. 2012. 社会-经济-自然复合生态系统与可持续发展[C]. 可持续发展 20 年学术研讨会: 337-345.
徐卫华, 杨琰瑛, 张路, 等. 2017. 区域生态承载力预警评估方法及案例研究[J]. 地理科学进展, 36(3): 306-312.
杨开忠. 2009. 谁的生态最文明——中国各省区市生态文明大排名[J]. 中国经济周刊, (32): 8-12.
虞依娜, 杨柳春, 叶有华, 等. 2007. 小良热带植被生态恢复过程土壤保持的经济价值动态特征[J]. 生态学报, 27(3):997-1004.
周敬宣, 周业晶. 2016. 区域资源资产核算技术与环境容量及承载力阈值的研究[J]. 环境保护前沿, 6(2): 29-37.
Daly H E, Cobb J B I. 1989. For the common good: redirecting the economy towards community, the environment and a sustainable future[J]. Ecological Economics, 2(4): 346-347.
Markandya A, Barbier E B. 2013. A New Blueprint for a Green Economy[M]. London: Routledge.
Wang G Z, Wang H Z, Yun-Bo W U, et al. 2010. Study on the index system of ecological civilization city construction[J]. Pollution Control Technology, 23(1):55-59.
Zhu Z, Li B, Gao M, et al. 2010. Preliminary research on quantitative indicators for ecological civilization city construction of Taihu Lake Basin[J]. Engineering Sciences, 12(6):131-136.

第 2 章　自然资源资产负债评估体系编制

2.1　自然资源资产概念

自然资源是指存在于自然界中能够为人们所开发利用来满足其生产、生活需要的物质和能量。按照属性，自然资源可分为土地资源、植被资源、湿地资源、水资源、矿产资源和动植物资源等。

土地资源是已经被人类所利用和可预见的未来能被人类利用的土地。按地形分，土地资源可分为高原、山地、丘陵、平原、盆地。按土地资源利用类型一般分为耕地、林地、牧地、水域、城镇居民用地、交通用地、其他用地（渠道、工矿、盐场等），以及冰川和永久积雪、石山、高寒荒漠、戈壁沙漠等。土地资源一般指可供农、林、牧业或其他各业利用的土地，具有质和量两个内容。在其利用过程中，可能需要采取不同类别和不同程度的改造措施。土地资源既包括自然范畴，即土地的自然属性，也包括经济范畴，即土地的社会属性，是人类的生产资料和劳动对象。

植被资源泛指一个地区一切植物群落的总称。植物资源是在社会经济技术条件下人类可以利用与可能利用的植物，包括陆地、湖泊、海洋中的一般植物和一些珍稀濒危植物。作为生态系统的生产者，植被资源在提供人类生存环境、提供氧气和食物方面发挥基础作用。根据植被资源的功能可以分为：食用植物资源、药用植物资源、工业用植物资源、防护和改造环境的植物资源、植物种质资源等。

“湿地”，泛指暂时或长期覆盖水深不超过 2m 的低地、土壤充水较多的草甸及低潮时水深不过 6m 的沿海地区，包括各种咸水淡水沼泽地、湿草甸、湖泊、河流及泛洪平原、河口三角洲、泥炭地、湖海滩涂、河边洼地或漫滩、湿草原等。湿地生态系统中生存着大量动植物。湿地是重要的国土资源和自然资源，不仅为人类的生产、生活提供多种资源，还在抵御洪水、调节径流、蓄洪防旱、控制污染、调节气候、控制土壤侵蚀、促淤造陆、美化环境等方面有重要作用，因此，湿地被誉为“地球之肾”。

根据《中国大百科全书》所述，水体是江、河、湖、海、地下水、冰川等的总称，是被水覆盖地段的自然综合体。它不仅包括水，还包括水中溶解物质、悬浮物、底泥、水生生物等。水资源是指可资利用或有可能被利用的水源，这个水源应具有足够的数量和合适的质量，并满足某一地方在一段时间内具体利用的需求。

矿产资源指经过地质成矿作用而形成，天然赋存于地壳内部或地表，埋藏于地下或出露于地表，呈固态、液态或气态，并具有开发利用价值的矿物或有用元素的集合体。矿产资源属于非可再生资源，其储量是有限的，可分为能源矿产（如煤、石油、地热）、金属矿产（如铁、锰、铜）、非金属矿产（如金刚石、石灰岩、黏土）和水气矿产（如地下水、矿泉水、二氧化碳气）四大类。

动植物资源指一个地区所有动植物的总和。其不仅为人类提供生存、生产、生活的基本资料，还在维持生态平衡中发挥重要作用。

所有的自然资源又可按其生产循环，分为可再生资源和不可再生资源。可再生资源指被人类开发利用后可以继续利用的资源，或者在短时期内可以再生或是可以循环使用的自然资源，其主要包括生物资源（可再生）、土地资源、水能、气候资源等。不可再生资源指经人类开发利用后，在相当长的时期内不可能再生的自然资源，如矿石资源、土壤资源、煤、石油等。

2.1.1　自然资源的有价性

自然资源是否具有价值是长期存在争议的问题。传统的经济观念中，未经人类物化劳动改造的自然资源只具有使用价值，本身并没有价值（赵秉栋，1999）。随着自然资源对人类社会发展起着越来越重要的作用，自然资源也越来越稀缺。然而，仍有部分学者认为，未经人类开发利用的自然资源所表现出的价格仅仅是其稀缺性、垄断性和不可或缺性造成的（陈征，2005）。李金昌（1992）认为，自然资源是物质价值和生态价值的统一。自然资源作为独立于人类意识之外的客观存在，它不仅能为人类社会提供直接的生产和生活资料，也能为人类提供赖以生存和发展的生存空间，因此对人类来说是有价值的。晏智杰（2004）认为，自然资源价值是一种自然资源的供求价值论，是由自然资源的稀缺效用性特征和自然资源增长需求相结合的价值论。

2.1.2　自然资源资产的概念

自然资源资产是在自然资源价值和生态服务价值这两个概念的基础上发展起来的，是二者的结合与统一（Pearce and Turner，1990）。根据党的十八届三中全会所通过的《中共中央关于全面深化改革若干重大问题的决定》对健全自然资源资产产权制度的要求，生态系统和聚居环境的环境资源，如水流、森林、山岭、草原、荒地、滩涂等被列入了自然资源资产范畴。这比联合国对自然资源资产的定义更为实用：人在其自然环境中发现的各种成分，只要它能以任何方式为人类提供福利的都属于自然资源。

自然资源资产应包括一切能为人类提供服务和福利的自然资源和生态环境，其形式有直接使用价值、间接使用价值及非使用价值（杨柳春等，2003；高吉喜和范小杉，2007）。直接使用价值包括生态系统为人类直接提供的生活和生产原料的直接价值，如矿产、动物、植物、水资源等的价值（戚英等，2007；王方，2012）。间接使用价值是指对环境和生命维持系统的调节功能，如营养循环、净化大气等产生的价值（虞依娜，2008）。这部分在以往被人们认为是可以“免费”使用的，实际上，生态系统的间接价值远远大于可以作为买卖价值的直接使用价值（虞依娜，2008；Liu et al.，2010）。生态系统的服务价值包括了产品价值、维持生态系统稳定及满足人类社会发展和文化生活的价值等，如净化空气、净化水体、调节气候和休憩娱乐等价值（高吉喜和范小杉，2007；虞依娜，2008）。

2.1.3　自然资源资产评估体系中负债的概念

“负债”是个经济术语，简单来讲，就是企业背负的债务。从环境会计的角度来说，“负债”是指在政府开发利用自然资源的过程中，对社会和自然环境造成影响而采取的或被要求采取的措施的成本，即环境成本（联合国国际会计和报告标准专家工作组，ISAR）。

在自然资源资产负债表评估中，“负债”通常是以治理环境污染和恢复生态服务功能的成本来量化（美国财务会计准则委员会，FASB）。根据封志明等（2014）的资产负债表，负债被定义为“自然资源不合理利用或过度利用所带来的效应，包括资源耗减、环境损害和生态破坏”。然而，从经济的角度来看，负债应包括所有未来会导致利益流失的事项。根据 ISAR 制定的《环境成本和负债的会计与财务报告》，环境成本必须是能够资本化的。选取不同的指标、不同的资本化方法会导致不同的环境成本确认结果。

2.2　自然资源资产负债评估的研究进展

2.2.1　自然资源资产负债评估方法研究进展

当前，构建自然资源资产负债表理论框架，主要以环境经济核算体系（system of environmental-economic accounting，SEEA—1993；SEEA—2012）、国民账户体系（system of national accounts，SNA—2008）、国家与企业资产负债表、DPSIR（driving forces - pressures - states - impacts - responses）框架模型等作为理论基础，利用会计学中的资产负债表工具反映生态责任主体在某一时间点的自然资源静态存量情况，显示某一时间上自然资源资产的“家底”和结构，以及一定时间内的自然资产存量的变化。近年来，有关这方面的理论背景国内许多学者进行了综述（封志明等，2015；耿建新和唐洁珑，2016；乔晓楠等，2015；肖序等，2015；胡文龙和史丹，2015）。

根据自然资源基本特征可分为自然资源资产、自然资源负债和自然资源净资产三大类会计要素，而自然资源资产的核算又是制表的关键和难点，其可分为实物量和价值量两部分。其中，实物量核算已有较为成熟的统计体系，一般根据生态系统的生物物理过程，采用模型模拟或单位面积/蓄积量的价值量等方法进行估值，但实物量计量不利于不同资源在地区间和类别间的横向对比，不利于编制主体在宏观层面的汇总分析（陈艳利等，2015）。价值量可以分为两种：一种是直接参与市场交易的自然资源，这种价值量的核算通常采用传统市场法进行估算，如提供木材生物量的价值可以采用扣除管理维护和开采运输成本后的净价进行折算；另一种是不直接参与市场交易的自然资源价值量，如自然资源的间接使用价值、选择价值和非使用价值等，由于这种价值量一般不直接参与交易市场，因此一般采用生产函数法、基于成本的方法、显示偏好法与陈述偏好法等进行估值。关于自然资源负债的核算方法国内较少有专门的文献进行研究和讨论，一般多根据应付治污成本、应付生态恢复成本、应付生态维护成本、应付补偿成本等直接合计，也有学者建议将自然资源负债定义为经济主体对公共产权资源的过度使用、消耗而导致未来生产条件受阻、经济产出减少所必须承担的一种现时义务（向书坚和郑瑞坤，2016）。

综上，自然资源资产的价值评估是编制自然资源资产负债表面临的首要工作，因此，熟悉不同资产类型适用的估值方法对提高整体评估的准确性和规范性具有重要意义。

对自然资源资产进行计量评估，是实现自然资源价值评估的前提和基础。目前国内对自然资源的价值评估没有统一的方法。在自然资源资产的评估中，需要考虑所要评估的自然资源的可再生性、可交易性和所提供的价值类别等多种因素（黄辑和荣宪屏，1999）。自然资源资产的评估需要建立价值的参照系统（可雅臻等，1997）。所谓的参照系统是独立于评价对象的，用于决定评价对象的价值量或价格的各组成要素所组成的系统。不同的要素由于本身的特性不同，其评估方法也应采用不同的方法（李伟，2009）。

1. 自然资源资产评估的资源类别

环境经济核算体系（SEEA—2012）共设置了 7 组自然资源资产账户，分别为矿产和能源、土地资源、土壤资源、木材资源、水生资源、其他生物资源和水资源资产账户。2016 年，国务院《关于全民所有自然资源资产有偿使用制度改革的指导意见》中指出："全民所有自然资源是宪法和法律规定属于国家所有的各类自然资源，主要包括国有土地资源、水资源、矿产资源、国有森林资源、国有草原资源、海域海岛资源等。"目前，对植被资源、水资源和矿产资源这几项单项资源已有不少生态价值评估的研究。

早期对植被资源资产的价值研究仅仅考虑了林木的直接经济价值，缺乏对森林生态价值的考量。直到 1995 年，《中国植被资源核算研究》总结了植被资源资产评估的主要内容，包括以下三大方面：林木价值、林地价值和森林的生态服务功能价值（侯元兆和王琦，1995）。2016 年 10 月，国家林业局发布《自然资源（森林）资产评价技术规范（LY/T 2735—2016）》，包含了调节服务评价、森林资源资产评价、储存碳价值等内容。

目前，澳大利亚水统计体系和制度处于国际领先地位，构建了水资源会计的概念模型和会计准则，并制定出了世界上首个水资源综合性会计标准——"水资源会计准则第一号（Australian Water Accounting Standard 1，AWAS1）"（甘泓等，2014；张友棠和刘帅，2016）。李金昌（1991）认为，水资源资产价值由天然价值和经过人类的参与产生的价值两部分组成。具体而言，水资源价值核算体系主要包括三个方面：水资源实物量核算、价值量核算和水质核算（徐晓鹏和武春友，2005）。

矿产资源为人类社会的发展提供了各类的实物资源和能源，其有价性毋庸置疑。一般认为，矿产资源的价值与矿产被开发后所带来的净利润相一致。然而，这种净利润不仅与矿产资源的数量有关，更直接受到矿产资源质量的影响，故在价值评估中，应该将矿产资源按质量分级计算其价值（张敦富，1994；王广成和李祥仪，1996）。目前中国已经是世界上最大的矿产资源开发国家之一，矿产资源价值核算体系主要包括矿产资源实物量核算、价值量核算，后者又可分为货币资金、资源收入、生产成本等账户（季曦和刘洋轩，2016）。

2. 自然资源资产评估方法

价值评估的最终目的是通过联系当地的市场经济状况为管理决策提供一致、可比的参照，从而反映自然资源资产对人类或社会福祉的影响大小，因此，绝大部分资产价值量的计算也是从经济学中借鉴而来（McKinsey Company Inc. et al.，2010；Pascual et al.，2010）。综合千年生态系统评估（Millennium Ecosystem Assessment，MA）、生物多样性与生态系统经济学（The Economics of Ecosystems and Biodiversity，TEEB）、生物多样性与生态系统服务政府间科学政策平台（Intergovernmental Science-Policy Platform on Biodiversity and Ecosystem Services，IPBES）及环境经济核算体系等的研究成果，可将自然资源资产的价值评估方法大致分为三大类，分别是：直接市场价值评估法（direct market valuation）、显示偏好法（revealed preference）、陈述偏好法（stated preference）（de Groot et al.，2002；

Freeman et al.，2014；MA，2003；Ninan，2014；Pascual et al.，2010）。

1）直接市场价值评估法

根据实际市场数据模拟服务或人工替代建设的价值评估方法统称为直接市场价值评估法（direct market valuation）。直接市场价值法又可分为四类：直接市场定价法（direct market pricing）、基于成本的方法（cost based method）、生产函数/要素收入法（production function/factor income）和能值分析法（emergy analysis）。直接市场价值评估法的概念、评估思路和适用范围详见表 2-1。

表 2-1　直接市场价值评估法的概念、评估思路和适用范围

方法		概念	评估思路	适用范围
直接市场定价		最终可交易的商品价值，即市场价格法（王敏等，2011）	直接根据市场同类商品的交易价格进行折算	供给服务（如提供木材生物量、食品、药材等）
基于成本的方法	避免成本	避免因服务丧失而造成的损失费用，如湿地可保护相邻的财产免遭水淹，可通过洪水没有发生而避免的损害来估计防洪效果（Beecher，1996）	①确定服务受益的范围和对象；②评估不存在该服务时受到损害的大小；③计算增加该服务后减少的损害量或减少的治理成本	多种调节服务（如缓解极端气候灾害、水量调节、污染控制等）
	缓解成本	如果服务丧失，阻止或预防损害发生需要的防护费用（Intergovernmental Panel on Climate Change，IPCC AR4）	①确定服务受益的范围和对象；②评估不存在该服务时人们为防止灾害发生而投入的经费；③计算增加该服务后减少的预报性支出成本	多种环境退化的研究（污染控制、道路安全），以及减轻泥沙淤积、减少水土流失等
	恢复成本	如果服务退化，恢复到它最初的状态需要的成本（顾刚等，2014）	从工程预算或相似案例推断一项退化了的服务恢复到它原来的样子需花费的成本，该成本即相当于该服务可提供的价值	采用了生态恢复措施的生态系统；防洪、森林流域提供的水文调节服务、替代传统药物等
	重置成本	如果服务消失，重建这项服务需要的成本（张永珅，2015）	①对生态系统提供服务进行初步评估；②确定可重建此项服务的最低成本；③确定重置的成本	通过衡量控制污水排放的成本来评估改善的水质。测量从下游地区去除侵蚀的沉积物的成本来评估森林或湿地的侵蚀保护服务。测量过滤和化学处理水的成本来估算湿地的净水服务
	替代成本	其他与该服务效果相当的人工维护建设成本，如影子工程（陈敏刚等，2005；马建伟等，2006）	①对生态系统提供服务进行初步评估；②确定可替代此项服务的最低人工建设成本；③确定替代的成本	测量建筑挡土墙的成本来评估沿海湿地的风雨保护服务。衡量鱼类繁殖和放养计划的成本来评估鱼类栖息地服务
	机会成本	使用一种资源的机会成本是指把该资源投入某一特定用途以后所放弃的在其他用途中所能获得的最大利益（益雍新琴和张安录，2012）	①对生态系统提供服务进行初步评估；②确定该生态系统的特定用途使利益最大化；③确定所得利益	对退化土地的服务价值的评估

续表

方法		概念	评估思路	适用范围
基于成本的方法	排污收费	为减轻人为因素对系统功能的负担所设立的强制性执行标准	根据政府规范性文件中设立的排污收费价格进行计算	吸收二氧化硫、氟化物等有害气体；滞尘等
生产函数/要素收入		通过生物物理模型和统计学方法确定生态系统结构、过程、功能（解释变量）和生态系统最终服务（响应变量）的数学函数关系，进而定量化生态系统最终服务的时空权衡关系及其对生态特征变化的边际响应特征（刘璨等, 2012）	把生态系统服务看成是一个生产要素，根据生产函数计算生态系统服务价值	农业、淡水生态系统中的投入与产出分析（如保持土壤肥力可提高农作物产量，从而提高农民收入）；定量分析不同管理措施（如土地利用变化等）下生态系统服务的权衡关系
能值分析		采用一致的能值标准，以统一的能值标准为量纲，把系统中不同种类、不可比较的能量转化成同一标准的能值来衡量和分析，得出一系列反映系统结构、功能和效率的能值分析指标，从而定量分析系统的功能特征和生态、经济效益（陆宏芳等，2005）	①确定研究系统的边界和内容，绘制系统能量和能值图；②收集物质和能量数据等，分析生态经济系统的能值投入来源；③编制能值分析表，计算系统的主要能量流、物质流、经济流；④能值指标体系建立及分析	几乎所有的生态系统的服务功能

注：另参考（January-Bevers et al.，2016；江波等，2016；Pearce and Moran，1994）

直接市场法常常被应用于供给服务和调节服务的评估，如陈敏刚等（2005）利用替代成本法对我国桑蚕生态系统的吸收固定二氧化碳和释放氧气，以及废物处理几项服务价值进行评估；马建伟等（2006）利用价值替代法对小陇山森林生态系统水源涵养及水土保持两项服务功能进行评估；严春军（2013）利用替代工程法对上海市水生态系统的水质净化、气候调节、洪水调蓄三项功能进行评估。而供给类服务一般采用最简单直接的直接市场定价法进行评估（王敏等，2011）。另外，直接市场法也常常被用于生态补偿价值的评估，如李晓光等（2009）、雍新琴和张安录（2012）利用机会成本法分别确定了海南中部山区森林和江苏铜山县小张家村的生态补偿标准；顾刚等（2014）运用价值损失法和恢复成本法核算出重庆松藻矿区 1999～2008 年期间生态环境与居民累计价值损失值，以应用于生态补偿制度的建立；张永珅（2015）利用重置成本法对安息极旱荒漠自然保护区的生态补偿价值进行评估；刘璨等（2012）利用生产函数模型评估林业重点工程（尤其是退耕还林工程）和 gefop12 项目对农户总收入、以土地为基础的收入和非农收入的影响。

本书中所介绍的直接市场价值评估方法各有优势和劣势。直接市场定价法最为简单便捷、可操作性强，然而往往局限于供给类服务的价值评估（de Groot et al.，2012；Dlamini，2012）。基于成本的方法能够估算一些无法直接获得价值量的服务功能，适用于多种调节服务的间接评估，然而只关联到成本并不体现偏好，无法准确反映服务价值的大小，经常存在高估或低估服务价值的情况（MA，2003；Turner et al.，2008）。生产函数/要素收入法较为客观，非常适合生态补偿价格的评估，但可能受到因果关系的数据/知识的限制，存在重复计算的可能（Chee，2004；Common and Stagl，2005；Pascual et al.，2010）。能值分析法能够综合分析系统中一系列反映生态与经济效益的能值综合指标，提供了一种生态学领域和经济学领域都可以掌握的科学方法（李海涛等，2003；王娇等，2016）。能值理论研究存在的主要问题包括各种物质和能量的能值转换率的确定，随着社会的不同发展阶段，能值转换率的数值是不同的；同时，还包括能值分析过程中正确区分系统内外各种生态流的科学方法（于遵波等，2006；魏胜文等，2011；林培治，2012）。

2）显示偏好法

显示偏好法（revealed preference）是以个人的真实行为为基础，通过考察市场上人们的选择行为来推测其偏好，即利用公共品与市场化产品之间的互补性和替代性关系来推断出私人品市场交易过程中归属于公共品的价值经济，通常用于与人类活动比较密切的生态系统服务功能的评估（King and Mazzotta，2000；Bockstael and Mcconnell，2007）。显示偏好法取决于非市场化商品的效益（如当地水质）与市场化商品之间的联系（如土地租赁价格），依赖于评估者对数据的收集及两者间“行为路径”的观察和感知。以城市公园价值评估为例，如果人们为某一地方与其他地方相同的房屋和土地支付更高的价格，且将其他各种可能造成价格差别的非城市公园因素都加以考虑后，剩余的价格差别可以归结为城市公园的价值（Lee et al.，2010）。显示偏好法的概念、评估思路和适用范围详见表 2-2。

表 2-2　显示偏好法的概念、评估思路和适用范围

方法	概念	评估思路	适用范围
享乐定价	根据人们为优质环境的享受所支付的价格来推算环境质量价值的一种估价方法，即将享受某种产品由于环境的不同产生的差价作为环境差别的价值（Nicholls and Crompton，2005；陈庚等，2015）	以考察房屋等资产价格变化来评价环境价值为例，可将房屋价值分为有市场价值的和没有市场价值的。在保证房屋其他特性相同的情况下，房子周围的绿地等环境因素将会影响消费者购买房子的意愿，进而影响房子的价值，由此可通过房屋等资产所处环境质量的差异导致的价格差异来反映森林绿地价值	城市森林、公园、绿地等估价等

续表

方法	概念	评估思路	适用范围
旅行费用	是一种利用消费者在旅游市场上的行为（通常是花费的交通费用和时间成本）对非市场化资源或公共品进行定价的方法（Chae et al.，2012）	以游客去娱乐场所或者景点游览为例，游客到娱乐场所或景区游览需要支付交通费用及其他必不可少的开支，同时耗费一定的时间，这些货币支出和时间成本即被视为资源环境的隐含价格。通过收集调查游客在景区的消费情况，依据出游率和旅行费用等数据，利用回归技术确定出经典的旅游需求曲线，以此为据计算出的消费者剩余就是旅游景点的非市场价值	通常作为一种间接手段被广泛用于森林、沙滩、公园遗产及其他类型旅游目的地的游憩价值评估

享乐定价法（hedonic pricing）和旅行费用法（travel cost）是显示偏好方法中最常见的两种应用形式。享乐定价法常用于城市绿地文化服务和美学价值的评估，如 Knaap（1985）通过土地市场对美国华盛顿市、克拉克马斯市边缘区的绿地价值进行了评估；Nicholls 和 Crompton（2005）认为绿地可以提高邻近 2～3 个街区的房产价格，且绿地价值与其可达性、景观品质和提供的舒适性等因素密切相关。其中，公园的增值效益是近几年研究的重点，如吴冬梅等（2008）、钟海玥等（2009）、石忆邵和张蕊（2010）、陈庚等（2015）分别实证分析了南京市莫愁湖、武汉市南湖景观、上海市黄兴公园、北京市奥林匹克公园对邻近住宅价格的外部效应。旅行费用法常用于景观游憩价值的评估，包括自然保护区、森林公园、风景名胜区等，如 Dwyer 等（1983）、Shrestha 等（2002）和 Chae 等（2012）利用该方法分别对美国芝加哥地区、巴西潘塔纳尔休闲区和英国 Lundy 岛海洋自然保护区的游憩价值进行了评估。在国内，谢双玉等（2008）利用改进的旅行费用区间分析法评估了武汉东湖风景区的游憩价值；王晶和杨宝仁（2010）对哈尔滨北方森林动物园的资源价值的典型消费者需求函数与收益进行了估计；王喜刚和王尔大（2013）则对大连市老虎滩国家海洋公园游憩价值进行了评价。

显示偏好法基于对现有市场中与作为估值问题的相关生态系统服务的个人选择的观察，在这种情况下，经济主体通过选择“透露”自己的偏好，因此，如果出现市场缺陷和政策失误则可能导致生态系统服务的货币估值产生偏差，比如城市绿地价值评估的前提条件是房地产市场运行良好且是透明的，个体资产所有者在市场中能够清晰地理解和评价生态环境因素的影响作用（King and Mazzotta，2000；Jeff，2011）。从理论层面来看，该方法是建立在真实市场交易行为分析基础之上的价值评估方法，其假设合理，评估结果易于理解，在经济学界和普通民众之中的可信度较高（陈佳，2011）。然而，显示偏好法通常是耗时的，主要缺点表现在无法估计非使用价值，并且依赖于针对环境服务性“产品”与替代市场商品之间的关系所设立的技术假设（NRC，2005；Kontoleon and Pascual，2007）。

3）陈述偏好法

与显示偏好不同，陈述偏好法（stated preference）通过假想市场中的个体行为来推断公共物品的价值，通常是通过调查等方式直接询问被调查对象在一些假想情景中所作出的支付意愿（willingness to pay，WTP）或者补偿意愿（willingness to accept，WTA）来估计环境物品的价值（张亚鑫等，2017；Science Advisory Board，2009）。陈述偏好法的概念、评估思路和适用范围详见表 2-3。

表 2-3 陈述偏好法的概念、评估思路和适用范围

方法	概念	评估思路	适用范围
条件估值	通常随机选择调查对象（家庭或个人）作为样本，以问卷调查的形式询问模拟市场下消费者对资源环境等公共物品和服务的支付意愿（Davis，1963）	①创建假想市场；②获得个人的支付意愿或受偿意愿；③估计平均的支付意愿或受偿意愿；④可靠性和有效性的检验；⑤获取总体数量，估算资源环境物品或服务的经济价值	广泛用于环境物品的使用价值和非使用价值的评估中
选择实验	以问卷调查为工具构建假想市场，为受访者提供由资源或环境物品的不同属性状态组合而成的选择集，让受访者从每个选择集中选出自己最偏好的一种方案（Adamowicz et al.，1994）	①选择产品属性；②定义产品属性的水平；③构造虚拟产品，进而构造选择集；④开展调研与收集数据；⑤建模分析	适用于虚拟市场中多重属性变动的情况

注：另参考 Venkatachalam, 2004; Alpizar et al., 2001；徐中民等，2003。

目前，陈述偏好法是能用于评估非得用价值的主要方法（徐中民等，2003；Kareiva et al.，2011）。国内基于陈述偏好法的研究不少，大多基于它的一个方法开展研究；也有使用两个方法进行研究对比的，如范紫娟等（2017）利用陈述偏好法中的条件价值评估法和选择试验法分别对三江平原湿地生态保护价值进行评估。其中，条件估值法最早应用于美国缅因州森林地带娱乐价值的评估（Davis，1963）；在我国，薛达元等（2000）曾对长白山自然保护区生物多样性非使用价值进行评估；张茵和蔡运龙（2005，2010）则首次探索了条件估值法在我国游憩研究领域的应用，对九寨沟生态旅游资源的使用价值和非使用价值进行了估算。选择实验法由 Adamowicz 等（1994）最早开始应用，适用于虚拟市场中多重属性变动的情况。近几年我国也进行了多方面的探索，包括经济开发建设对生态系统服务价值的影响、资源的有效管理等，如李京梅等（2015）评估了胶州湾湿地围垦造成的生态效益损失；王晋楠（2014）探讨了破坏性建设对乡土遗产景观游憩价值带来的不可逆的影响；而王尔大等（2015）则以沈阳国家森林公园为例，采用选择实验法和条件 Logit 模型分析效用最大化的景区资源及管理属性组合。

陈述偏好法与显示偏好法相比，能被用于更广泛的环境物品或服务的价值评估（NRC，2005）。更重要的是，陈述偏好法能用于估价总经济价值（即利用价值和非利用价值），以及当没有推导出可替代生态系统服务的市场价值时也可使用该方法，而显示偏好法只能用于评估利用价值（King and Mazzotta，2000; Dlamini，2012）。但同时，因为调查时默认受访者知悉待选择的对象等假设条件的存在，其准确性对调查设计和实施中的偏差较敏感，陈述偏好法也引起了许多有关估计有效性问题的讨论（Pagiola et al.，2004；Jeff，2011）。

2.2.2　自然资源资产负债评估的特点与发展趋势

1. 不同评估方法的适用性

不同的生态系统服务类型对应各种不同的生态系统过程和功能，受评估对象的性质、层级间关联的复杂程度和数据采集限制的影响，往往需借助不同的价值评估方法，而每一种评估方法也存在各自的优势和局限性。避免成本法早期作为一个公共政策工具是被用于提高能源效率的问题上，现常应用于调节水量、净化水质等生态系统服务价值的评估（Beecher, 1996）。缓解成本法在政府间气候变化专门委员会（Intergovernmental Panel on Climate Change, IPCC AR4）2007 年的报告中有详细报道，多用于气候变化的研究，如对通过风力发电减少的温室气体排放量所相当的投入成本进行货币化，而在自然资源资产的评估中多见于湿地的防洪与保护功能的评估。恢复成本法在 1980 年被用于美国《综合环境反应、赔偿和责任法》，现可用于防洪、森林流域提供的水调节服务等［MacAlister Elliott and Partners（MEP）& Economics for the Environment（EFTEC），2001］。重置成本法在会计学中指实体以相同资产以当前市场价格替换现有资产的价格，是保险公司用于赔偿资产损伤的常用术语，在 20 世纪 70 年代被 Gosselink 等引入到湿地提供的废物处理功能的评估（Gosselink et al., 1974），其在土壤侵蚀、水资源保护、营养循环、污染物分解、病虫害防治等方面也有较多应用（Xue and Tisdell, 2001）。

从当前的研究来看，陈述偏好法与显示偏好法相比，能被用于更广泛的环境物品或服务的价值评估。更重要的是，陈述偏好法能用于估价总经济价值（即利用价值和非利用价值），而显示偏好方法只能用于评估利用价值。到目前为止，陈述偏好法是能用于评估非利用价值的主要方法（徐中民等，2003）。

综合来看，以价值计量的自然资源资产负债表能够克服实物量计量的缺点，利于自然资源的汇总和比较。但由于自然资源的稀缺性，自然资源的存量减少可能导致单位价格提高，难以准确反映自然资源价值量的消耗和占有情况（陈艳利等，2015）。直接市场价值法，使用实际市场的数据，反映个人的实际偏好或成本，具有评估简单、数据较易获取等优势。显示偏好法基于对现有市场中与作为估值问题的相关生态系统服务的个人选择的观察，在这种情况下，经济主体通过选择“透露”自己的偏好。因此，如果出现市场缺陷和政策失误，则可能导致生态系统服务的货币估值产生偏差。此外，显示偏好法通过是耗时的，主要缺点还表现在无法估计非使用价值，并且依赖于针对环境服务性“产品”与替代市场商品之间的关系所设立的技术假设（Kontoleon and Pascual，2007）。陈述偏好法可以用于评估生态系统的使用价值和非使用价值，当没有推导出可替代生态系统服务的市场价值时也可使用该方法，但也因为调查时默认受访者知悉待选择的对象等假设条件的存在，会引起许多有关估计有效性问题的讨论。

2. 评估方法研究未来的发展趋势

随着评估方法的深入探究和研究案例的不断增多，自然资源资产从分类到最终的核算都逐步趋于精细和严谨，积累了大量的经验、原始资料和数据，伴随计算机技术的兴起，构建生态整合模型来简化自然资产负债的评估过程有望成为未来发展的趋势。除此之外，价值转移方法（benefit transfer）近十来年也引起了国内外许多学者的关注。在不易采集原始一手数据的地方，价值转移方法借助一个或多个已评估的研究地的价值信息对相似的待评估的政策地进行服务价值评估，通过匹配待评估地的其他环境信息进行价值估算，如果已构建出合适的模型，则可大大提高评估的效率并节约成本，弥补传统评估方法的不足（Brookshire and Neill，1992；Johnston et al.，2015；King and Mazzotta，2000）。

2.3　自然资源资产负债评估体系编制的原则

自然资源资产负债表编制遵循以下 5 个原则。

（1）创新性：目前国内各个有关部门正处于探索尝试阶段，尚无完整的生态资源资产负债表体系，也缺乏对领导干部进行生态资源资产离任审计的制度。本书的生态资产评估体系与考核方法具有较强的创新性。将推出可行、实用的生态资源资产和核算体系及负债表，为领导干部生态资源资产离任审计奠定基础。

（2）客观性：所有的分析计算均应建立在对区域现状数据进行全面调查的基础上，以现实条件为基点，不脱离实际。

（3）整确性：研究过程中收集的数据需认真核对，力求准确；遥感解译结果要认真校对，保证精度要求。

（4）针对性：研究方法、研究手段需紧紧围绕项目要求，保证研究成果达到预期结果。

（5）可行性：研究成果能实际应用于生态文明考核工作，达到评估生态文明建设成效、考核领导干部生态保护工作实绩的目的。

2.4　自然资源资产负债评估体系编制思路与技术路线

2.4.1　编制思路

通过对已有相关文献资料的梳理和归纳，对目前国内外有关生态资产、生态资产价值及其评估等方面的研究所涉及的理论、价值分类、评估方法、实践等按照系统论的要求，建立自然资源资产评估体系，编制主要自然资源资产负债表。自然资源资产负债表核算框架如下所示（图 2-1）。

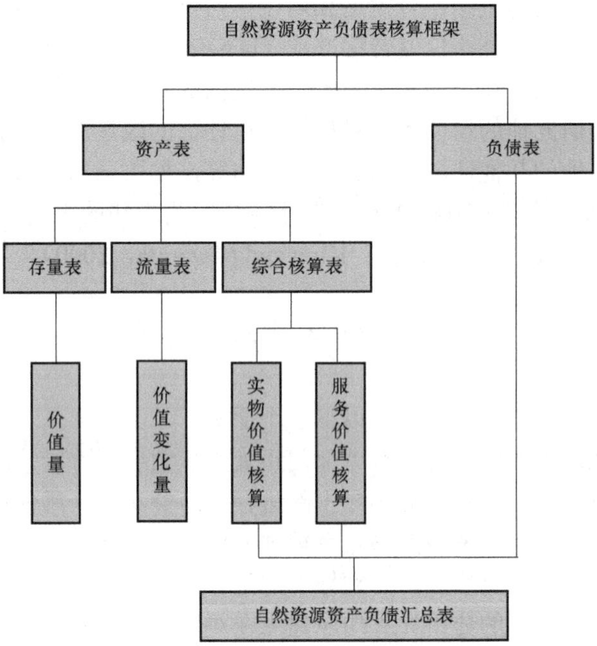

图 2-1　自然资源资产负债表核算框架

自然资源资产负债表由资产核算和负债核算两部分组成，两者用于表示固有资产的增值、降值、流入和流出。资产表的主体是以自然为对象，负债的主体是以人为对象，因此，确切地说，自然资源资产负债表是研究人对自然资源的管理及使用。资产表通过计算资产当前的价值量制订实物性资产的存量表，通过计算价值的变化量制订实物性资产和服务性资产的流量表，如通过年末减去年初获得年度的价值增添或削减，或者计算年度的净生长累积量。实物价值核算与服务价值核算结合起来构成了综合核算表，用以表现总体的自然产出，两者再与负债表进行汇总，即通过成本的支出、人类的消费等来表现自然资产总体的动态变化，最终有助于往后年际间保值增值率的计算。

2.4.2　技术路线

自然资源资产负债评估技术路线见图 2-2。

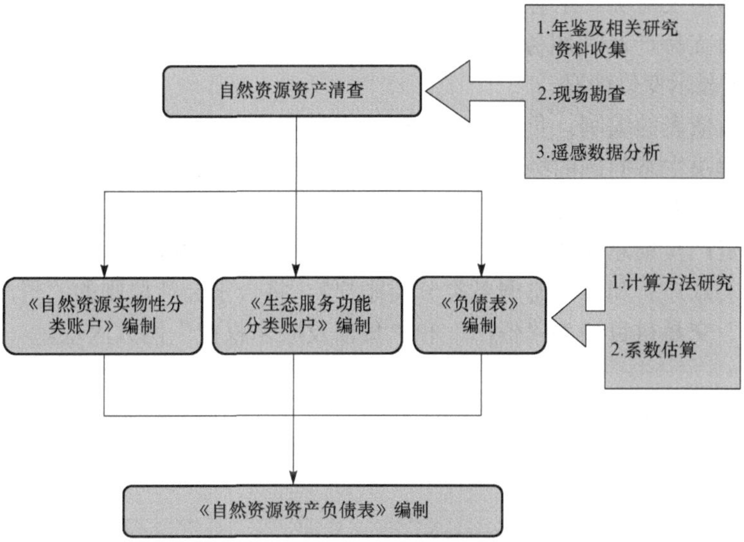

图 2-2　技术路线图

《自然资源资产负债表》的编制工作分为清查和编制两个阶段。在清查阶段，需要根据已有的研究资料和数据，确定研究地基本的气象气候、水文土壤等自然条件和动植物资源的组成结构，然后借助遥感技术和现场勘查方法采集一手的测量值。在编制阶段，借助生态学中的生物物理过程模型及计量经济学方法确定各资产量化的核算公式，再结合经验价值转移方法及清查阶段获取的实际值估算公式中的系数完成计算。其中，“实物性分类账户”的编制对象为有形资产，而“服务性分类账户”的编制对象为无形资产，“负债表”的编制兼而考虑对系统主动的维护和管理成本及被动的治理和恢复成本。

2.5　自然资源资产负债评估体系编制内容与编制方法

2.5.1　编制内容

通过对已有相关文献资料的梳理和归纳，对目前国内外有关生态资产、生态资产价值及其评估等方面的研究所涉及的理论、价值分类、评估方法、实践等按照系统论的要求，进行以下几个方面的研究。

（1）自然资源资产账户的编制。自然资源资产账户的编制包括自然资源实物性分类账户和生态服务类分类账户编制。自然资源实物性分类账户模仿经济学上分类账户（根据会计凭证或日记账，分别账户登记经济业务的账簿）原理，将不同自然资源（森林资源、水资源、矿产资源等）以资产账户的形式来表达自然资源的使用和再生情况。生态服务类分类账户是指人类从生态系统直接或间接得到的各项生命支持产品和服务（如植被涵养水源、固碳释氧等）价值化（货币化），以账户形式显示变化情况。

（2）负债表的编制。负债即政府在使用自然资源的过程中造成的生态资产损失和用于解决生态问题的经济投入。以记账的形式来表达生态资产损失和经济投入即为负债表的编制过程。

（3）资产负债总表的编制。资产负债表利用会计平衡原则，结合《自然资源实物性分类账户》和《生态服务类分类账户》，将合乎会计原则的“资产、负债、股东权益”交易科目分为“资产”和“负债及股东权益”两大区块。

2.5.2　编制方法

1. 数据获取

数据获取途径主要有以下几种。

1）遥感监测

利用遥感影像数据获取区域的土地利用情况、植被覆盖面积、水体流域面积等基础数据。遥感影像（remote sensing image）是指记录各种地物电磁波大小的胶片或照片，主要分为航空像片和卫星相片。目前，有多种遥感影像数据源可供选择，包括美国宇航局的Landsat、美国和日本宇航局联合开发的ASTER GDEM、DigitalGlobe公司的Quickbird、加拿大宇航局的RADARSAT和中国国家测绘地理信息局的资源三号等。本书采用的数据来源于最常用的Landsat^{TM}数据。

2）实地勘察

实地调查区域的森林、城市绿地的面积、林分、林木质量等；调查区域水体及周边的环境状况和生物资源状况；监测重要地点的环境质量。

3）数据搜集

通过统计年鉴，获取自然和社会经济的总体数据。通过查阅与所在评估区域的自然资源相关的研究，获取一些较难从年鉴上获取的其他数据。

2. 自然资源资产账户构建

本书主要对 4 种自然资源类型进行评估，即植被资源、湿地资源、水体资源和其他土地资源，对每种类型的资源进行实物性账户和生态服务功能账户编制。

1）实物性账户构建方法

实物量的核算非常直接，即为被评估区域的某类资源的实际储量。主要的评估数据来自区域的统计年鉴和相关部门的调研数据。

将实物量转换为价值量的方法主要有：①直接市场法；②收益现值法。具体方法详见 2.2.1 节。

2）生态服务类账户构建方法

评估自然资源的生态服务功能的主要方法有：替代市场法、条件价值法和空间-能值分析技术。具体方法详见 2.2.1 节。

3. 自然资源资产负债表构建

许多环境敏感产业（化工、化肥、制药、造纸、矿山、冶金等）在利用自然资源创造经济价值的同时，也会滥用资源、破坏生态，造成环境污染，留下治理和恢复后遗症，因此，应将政府在使用自然资源的过程中造成的生态资产损失和用于解决生态问题的经济投入作为分项指标，构建自然资源资产负债体系（王立彦和蒋洪强，2014）。按照政府的经济投入，负债一般包括 4 个主要部分：应付污染治理成本、应付超载补偿成本、应付生态恢复成本和应付生态维护成本。

应付生态恢复成本是指政府部门为恢复原有生态环境所需要付出的成本；应付生态维护成本是指政府部门采取有效的保护措施，定期对生态环境进行维护所需要付出的成本（张友棠等，2014）。两者一般采用直接的恢复和防护费用，并不需要估算，如土地荒漠化造成水土流失所投入的恢复成本、饮用水保护成本与湿地恢复成本等，对恢复受损的自然资源和野生动植物资源等资源性财产也可参照由我国环境保护部发布的《环境污染损害数额计算推荐方法》（段瑞娟，2006；陈燕丽和王普查，2017）。

应付污染治理成本，是指政府部门为治理由于人为污染导致日趋恶化的自然资源所要付出的成本，可直接采用工程费用法（段瑞娟，2006；董家华等，2007）。基本思想是根据资源利用过程中产生的污染的量和单位体积、质量的污染的工程治理成本，计算出污染治理所需的经济成本，如森林内因土壤污染应付出的成本、沙尘暴蔓延导致城市环境质量恶化应投入的治理成本等。

超载补偿是近期比较热门的生态补偿的一大重要内容，是指政府部门需要支付的对自然资源过度开发或不合理耗用，超过了自然资源的承载力的那一部分成本（张友棠等，2014）。应付超载补偿成本可以通过以下 4 种方式进行计算（李文华和刘某成，2010；李国平等，2013）：①生态破坏的恢复成本；②生态保护者的直接成本与机会成本；③生态受益者的获利水平；④生态系统服务价值。目前我国的生态补偿主要应用在森林、矿产和流域资源补偿这三大方面。

另外，对自然资源进行开发的成本和应付职工薪酬成本均应纳入负债的评估体系，也采用直接的经济投入，不需要估算。

2.6 自然资源资产负债评估体系编制说明

2.6.1 实物性分类账户构建

1. 植被资源

植被的实物性资源主要包括如下三个方面：林木资源、林地资源和城市绿地资源。植被资源的实物性账户计算公式及说明见表 2-4。

表 2-4 植被资源实物性账户计算公式及说明

资产		推荐评估公式	说明
林木资源	用材林	$U=\sum P_i\times N_i$	式中，U 为林木价值（元）；P_i 为某种林木资源的单株市场价（元）；N_i 为该种类的总株数。来源：LY/T 1721—2008 森林生态系统服务功能评估规范。 其他评估方法：将林木分为幼龄林、中龄林、成熟林和经济林分别进行评估，每一种林型有对应的林木资源价值评估公式。来源：叶有华等，2017。 本体系选取公式 $U=\sum P_i\times N_i$ 主要由于简单方便易懂，操作简便
	经济林		
	竹林		
	防护林		
	特殊用途林		
林地资源	有林地	$U=\sum P_i\times A_i$	式中，U 为林地价值（元）；P_i 为某种林地资源的林地交易价格（元/m^2）；A_i 为该种林地面积（m^2）。来源：叶有华等，2017。 其他评估方法：$B_u=G\times K_w\times K_1\times S$。式中，$B_u$ 为林地评估值；G 为参照单位面积的标准价格；K_w 为地位级调整系数；K_1 为地利级调整系数；S 为被评估林地面积。来源：叶有华等，2017。 本体系选取公式 $U=\sum P_i\times A_i$ 主要由于简单易懂，操作简便，但可能会忽视不同类型林地之间的价格差异
	疏林地		
	未成林造林地		
	灌木林地		
	采伐迹地		
	苗圃地		
	宜林地		
城市绿地资源	道旁树、草坪、公园等	$U=P\times A$	式中，U 为城市绿地价值（元）；P 为单位面积绿地交易价格（元/m^2）；A 为城市绿地面积（m^2）。来源：LY/T 1721—2008 森林生态系统服务功能评估规范。 其他评估方法：城市绿地价值=直接服务价值+间接功能价值+存在价值。来源：王庆日，2003。 本体系采用公式 $U=P\times A$ 使得标准统一，计算简便

1）林木资源

植被资源是林地及其所生长的森林有机体的总称，以林木资源为主，根据经营方式可分为生态公益林和商品林。生态公益林包含特殊用途林、防护林，商品林包含用材林、经济林等。特种用途林是以国防、环境保护、科学实验等为主要目的的森林和林木，包括国防林、实验林、母树林、环境保护林、风景林、名胜古迹和革命纪念地的林木及自然保护区的森林。防护林是以防护为主要目的的森林、林木和灌木丛，包括水源涵养林、水土保持林、防风固沙林、农田和牧场防护林、护岸林、护路林。用材林是以生产木材为主要目的的森林和林木，包括以生产竹材为主要目的的竹林。经济林是以生产果品、食用油料、饮料、调料、工业原料和药材等为主要目的的林木。

2）林地资源

用于生产和再生产植被资源的土地，是林业生产最基本的生产资料，分布于风景名胜区、水源保护区、自然保护区、郊野公园、森林公园、风景林地等地，主要类型为林地、疏林地、未成林造林地、灌木林地、采伐迹地、火烧迹地、苗圃地、宜林地。林地包括郁闭度 0.3 以上的乔木林地、疏林地、灌木林地、采伐迹地、火烧迹地、苗圃地和国家规划的宜林地。疏林地是由乔木树种组成，连续面积大于 0.067hm^2、郁闭度为 0.10～0.19 的林地。未成林造林地是指人工造林和飞播造林后不到成林年限，造林成效符合下列条件之一，苗木分布均匀，尚未郁闭但有成林希望的林地。所述条件分为以下几种：一是人工造林成活率 85%以上，其中年均降水量 400mm 以下地区造林成活率为 70%以上；二是飞播造林后成苗调查苗木 3000 株/hm^2 以上或飞播治沙成苗 2500 株/hm^2 以上，且分布均匀。灌木林地是由灌木树种或因生境恶劣矮化成灌木型的乔木树种及胸径小于 2cm 的小杂竹丛组成，以经验灌木林为目的或起防护作用，连续面积大于 0.067hm^2、覆盖度在 30%以上的林地。采伐迹地是指森林经过采伐毁损以后，达不到疏林地标准，且尚未更新的地面。火烧迹地是指森林遭受火灾毁损以后，达不到疏林地标准，且尚未更新的地面。苗圃地是指为移植或出售而培育幼苗的成片土地。宜林地是指经县级以上人民政府规划为林地的土地，包括宜林荒山荒地、宜林沙荒地和其他宜林地。

3）城市绿地资源

城市绿地资源是指以自然植被和人工植被为主要存在形态的城市用地，即用以栽植树木花草和布置配套设施，基本上由绿色植物所覆盖，并赋以一定的功能与用途的场地。

2. 湿地资源

广义上说，湿地既包括自然湿地（河流、湖泊、沼泽、珊瑚礁等），又包括人工湿地［水库、鱼（虾）塘、盐池、水稻田等］。湿地的实物性资源主要为产品供给，如多种渔业产品和农产品。实物性账户计算公式及说明见表 2-5。

表 2-5 湿地资源实物性账户计算公式及说明

资产		推荐评估公式	说明
湿地实物资源	产品供给	$U=\sum P_i \times B_i \times A_i$	式中，U 为湿地年物质产出价值（元/a）；P_i 为湿地第 i 个产品年产量［t/(hm^2·a)］；B_i 为湿地第 i 个产品市场价格（元/t）；A_i 为湿地第 i 个产品的面积（hm^2）。来源：吴玲玲和陆健健，2002；叶有华等，2017。有的文献中，会在本公式基础上扣除掉生产成本和人力成本投入（辛琨和肖笃宁，2002）。 其他评估方法：$P_T=P-C$。式中，P_T 为湿地产品供给价值；P 为消费者的支付意愿；C 为产品的边际成本。来源：叶有华等，2017。该式中，消费者的支付意愿和产品的边际成本的计算较为复杂。因此，本体系选用了公式 $U=\sum P_i \times B_i \times A_i$

3. 水体资源

水体的实物性资源主要包括地表水资源、地下水资源和主要生物资源。水体资源的实物性账户计算公式及说明见表 2-6。

表 2-6 水体资源实物性账户计算公式及说明

<table>
<tr><th colspan="2">资产</th><th>推荐评估公式</th><th>说明</th></tr>
<tr><td rowspan="3">地表水资源</td><td>人工水库</td><td rowspan="4">$U=(p_1v_1+p_2v_2+p_3v_3)\times V/(v_1+v_2+v_3)$</td><td rowspan="4">式中，$U$ 为直接资产价值总量（元）；V 为水资源总体积（L）；p_1～p_3 分别为生产用水价格（元）、生活用水价格（元）、景观用水价格（元）；v_1～v_3 分别为生产用水量（L）、生活用水量（L）、景观用水量（L）（叶有华等，2017）。
其他评估方法：水资源估价方法研究较多，有水资源直接出售价格法、水权交易法、供水成本法、完全成本法和调整价格平均法等（刘亚灵和周申蓓，2017）。
根据水文循环特性，对水资源消耗进行价值计算：水资源价值总量=地表水资源总量×地表水单位价格+地下水资源总量×地下水单位价格（刘书俊等，2005）。从水资源消耗分析，根据用水特性，用水可分为生活用水、生产用水和生态环境用水三类，水体价格是联系水资源实物型账户和价值型账户的关键（陈东景等，2003），根据水资源使用过程中水费、排污费由用水量与相应的单位水价相乘而得，可核算供给使用过程中水资源价值量（刘亚灵和周申蓓，2017）。
目前，我国采用较多的是投入产出分析法和成本核算法（刘亚灵和周申蓓，2017）。本体系中采用的是成本核算法</td></tr>
<tr><td>湖泊</td></tr>
<tr><td>河流/河涌</td></tr>
<tr><td>地下水资源</td><td>地下水</td></tr>
<tr><td>生物资源</td><td>水产品资源</td><td>$U=\sum P_i \times N_i$</td><td>式中，U 为生物资源价值（元）；P_i 为某种水产品的单位市场价（元）；N_i 为该水产品产量。本公式参考自植被和湿地资源产品供给价值评估方法</td></tr>
</table>

1）地表水资源

地表水系统的自然水资源来自于该集水区的降水，包括湖泊、湿地、水库的蓄水量。集水区（catchment area/basin）是指将一流域与另一流域分开的山岭（分水岭），包括对一河流或一湖泊供应水源的全部区域或地区。

2）地下水资源

以地面入渗补给量（包括天然补给量和开采补给量）计算其数量。地面入渗补给量是指一定时期水分从地面入渗补给地下水的水量。

3）主要生物资源

生物资源包括基因、物种及生态系统三个层次。在本体系中，生物资源主要指具有市场价值的水产动物和植物。

4. 其他土地资源

其他土地的实物资源主要是农业用地和储备用地。其他土地资源的实物性账户计算公式及说明见表 2-7。

表 2-7　其他土地资源实物性账户计算公式及说明

<table>
<tr><th colspan="2">资产</th><th>推荐评估公式</th><th>说明</th></tr>
<tr><td rowspan="3">农业用地资源</td><td>农业用地</td><td rowspan="2">$U=P\times A$</td><td rowspan="2">式中，U 为土地价值（元）；P 为单位面积土地交易价格（元/m^2）；A 为土地面积（m^2）（孔祥斌等，2002）。
其他评估方法如下。
成本逼近法：地价＝土地取得费用＋土地开发费用＋税费＋利息＋利润＋土地增值收益（曲长令等，1998；孔祥斌等，2002）。
应用收益还原法：通过宗地的纯收益测算确定地产价格。通用的估价公式为：土地价格＝(土地总收益－土地总费用)/土地收益还原率（杨庆媛和印文，1999；孔祥斌等，2002）。
本体系选用公式 $U=P\times A$，可以比较全面地考虑到影响地价的多种因素和综合多种方法，使结果更准确</td></tr>
<tr><td>储备用地</td></tr>
<tr><td>农产品</td><td>$U=\sum P_i\times N_i$</td><td>式中，U 为农产品价值（元）；P_i 为某种农产品的单位市场价（元）；N_i 为该农产品产量。本公式参考自湿地资源产品供给价值评估方法。
其他评估方法：
由于农产品有较多的统计数据，多数情况下直接搜集统计数据更为方便且更准确。
本体系通过直接搜集统计数据的方式来评估农产品的食物价值</td></tr>
</table>

1）农业用地

农业用地是指直接用于农业生产的土地，此处主要为果园、苗圃场、菜地等，包括一级水源保护区内的果园用地。

2）储备用地

储备用地指政府依据《土地储备管理办法》登记备案的尚未利用土地，含已临时复绿的土地和闲置土地。

2.6.2　生态服务功能性分类账户构建

1. 植被资源

植被资源的生态服务功能性资源主要包括如下 6 个方面：涵养水源、固碳释氧、保育土壤、净化大气、生物多样性保护和休憩价值。植被资源的生态服务类分类账户计算公式及说明见表 2-8。

表 2-8　植被资源生态服务类分类账户计算公式及说明

服务功能	评价指标	推荐评估公式	说明
涵养水源	调节水量	$U_m=10C_v\times A\times(P-E-C)$	式中，U_m 为林分年调节水量价值（元/a）；P 为降水量（mm/a）；E 为林分蒸散量（mm/a）；C 为地表径流量（mm/a）；C_v 为水库建设单位库容投资（元/m^3）；A 为林分面积（hm^2）。来源：《LY/T 1721—2008 森林生态系统服务功能评估规范》。 其他评估方法：从 $Q_{总}=Q_1+Q_2+Q_3$ 来计算植被涵养水源的物质量。式中：$Q_{总}$ 为植被涵养水源的总物质量；Q_1 为林冠层截留水源物质量；Q_2 为枯枝落叶层涵养水源物质量；Q_3 为植被土壤涵养水源物质量（钟学斌等，2005）。 来源于评估规范的公式更简洁且易于计算，因此常用该计算公式
	净化水质	$U_{wq}=10K\times A\times(P-E-C)$	式中，U_{wq} 为林分年净化水质价值（元/a）；P 为降水量（mm/a）；E 为林分蒸散量（mm/a）；C 为地表径流量（mm/a）；A 为林分面积（hm^2）；K 为水的净化费用（元/t）*
固碳释氧	固碳	$U_c=A\times C_c(1.63R_c\times B_a+F_{sc})$	式中，U_c 为林分年固碳价值（元/a）；A 为林分面积（hm^2）；B_a 为林分净生产力[t/(hm^2·a)]；C_c 为固碳价格（元/t）；R_c 为 CO_2 中含碳质量分数，为 27.27%；F_{sc} 为单位面积林分土壤年固碳量[t/(hm^2·a)]*
	释氧	$U_o=1.19C_o\times A\times B_a$	式中，U_o 为林分年释氧价值（元/a）；C_o 为氧气价格（元/t）；A 为林分面积（hm^2）；B_a 为林分净生产力[t/(hm^2·a)]*
保育土壤	固土	$U_{sm}=A\times C_s\times(X_2-X_1)/\rho$	式中，U_{sm} 为林分年固土价值（元/a）；X_1 为林地土壤侵蚀模数[t/(hm^2·a)]；X_2 为无林地土壤侵蚀模数[t/(hm^2·a)]；C_s 为挖取和运输单位体积土方所需费用（元/m^3）；ρ 为林地土壤密度（t/m^3）*
	保肥	$U_f=A\times B_a\times(N_s\times C_1/R_1+P_s\times C_1/R_2+K_s\times C_2/R_3+M_s\times C_3)$	式中，U_f 为林分年保肥价值（元/a）；B_a 为林分净生产力[t/(hm^2·a)]；N_s 为林分土壤含氮质量分数（%）；P_s 为林分土壤含磷质量分数（%）；K_s 为林分土壤含钾质量分数（%）；M_s 为林分土壤含有机质质量分数（%）；R_1 为磷酸二铵化肥含氮质量分数（%）；R_2 为磷酸二铵化肥含磷质量分数（%）；R_3 为氯化钾化肥含钾质量分数（%）；C_1 为磷酸二铵化肥价格（元/t）；C_2 为氯化钾化肥价格（元/t）；C_3 为有机质价格（元/t）*
净化空气	提供负离子	$U_{ni}=5.256\times10^{15}\times A\times H\times K_{ni}\times(Q_{ni}-600)/L$	式中，U_{ni} 为林分年提供负离子价值（元/a）；K_{ni} 为负离子生产费用（元）；Q_{ni} 为林分负离子密度（个/cm^3）；L 为负离子寿命（min）；H 为林分高度（m）；A 为林分面积（hm^2）*
	吸收二氧化硫	$U_{so_2}=K_{so_2}\times Q_{so_2}\times A$	式中，U_{so_2} 为林分年吸收二氧化硫价值（元/a）；K_{so_2} 为二氧化硫治理费用（元/kg）；Q_{so_2} 为单位面积林分年吸收二氧化硫量[kg/(hm^2·a)]
	吸收氮氧化物	$U_{nox}=K_{nox}\times Q_{nox}\times A$	式中，U_{nox} 为年吸收氮氧化物总价值（元/a）；K_{nox} 为氮氧化物治理费用（元/kg）；Q_{nox} 为单位面积林分年吸收氮氧化物量[kg/(hm^2·a)]
	吸收氟化物	$U_{hf}=K_{hf}\times Q_{hf}\times A$	式中，U_{hf} 为林分年吸收氟化物价值（元/a）；K_{hf} 为氟化物治理费用（元/kg）；Q_{hf} 为单位面积林分年吸收氟化物量[kg/(hm^2·a)]
	滞尘	$U_{dc}=K_{dc}\times Q_{dc}\times A$	式中，U_{dc} 为林分年滞尘价值（元/a）；K_{dc} 为降尘清理费用（元/kg）；Q_{dc} 为单位面积林分年滞尘量[kg/(hm^2·a)]

续表

服务功能	评价指标	推荐评估公式	说明
生物多样性保护	物种保育	$U_s=S_s×A$	式中，U_s为林分年物种保育价值（元/a）；S_s为单位面积年物种损失的机会成本［元/($hm^2·a$)］；A 为湿地面积（hm^2）。计算物种保育依据了 Shannon-Wiener 指数，划分为 7 级：当指数＜1，S_s为 3 000［元/($hm^2·a$)］；当 1≤指数＜2，S_s为 5 000［元/($hm^2·a$)］；当 2≤指数＜3，S_s为 10 000［元/($hm^2·a$)］；当 3≤指数＜4，S_s为 20 000［元/($hm^2·a$)］；当 4≤指数＜5，S_s为 30 000［元/($hm^2·a$)］；当 5≤指数＜6，S_s为 40 000［元/($hm^2·a$)］；当指数≥6，S_s为 50 000［元/($hm^2·a$)］。来源：《LY/T 1721—2008 森林生态系统服务功能评估规范》。 其他评估方法：多样性价值也可用作为栖息地的价值来评估（辛琨和肖笃宁，2002）。公式详见表 2-11
旅游娱乐	旅游收入	$U=A×B$	式中，A 为景区游客数；B 为景区门票价格。来源：《LY/T 1721—2008 森林生态系统服务功能评估规范》。 其他评估方法：也有公式采用景区总收入减去支出的方式，不过常用直接价值计算公式

* 对于涵养水源、固碳释氧、保育土壤和净化空气项目的计算一般以《LY/T 1721—2008 森林生态系统服务功能评估规范》为标准，较少替代算法。根据《LY/T1721—2008森林生态系统服务功能评估规范》，净化空气还包含吸收污染物、降低噪声和滞尘功能。然而，这几项服务功能需要在森林中安置定期的气体监测、噪声监测及尘埃收集装置，仅适用于小范围的全面评估项目。因此，这三项功能指标未被纳入本章编制的体系中，其评估公式详见表 2-11。

2. 湿地资源

湿地资源生态服务功能性资源主要包括如下 6 个方面：涵养水源、固碳释氧、调节气候、洪水调蓄、生物多样性保护和旅游娱乐。湿地资源的生态服务类分类账户计算公式及说明见表 2-9。

表 2-9　湿地资源生态服务类分类账户计算公式及说明

服务功能	评价指标	推荐评估公式	说明
涵养水源	调节水量	$U_m=V_{Qm}×Q_m$	式中，U_m为湿地年调节水量价值（元/a）；V_{Qm}为单位库容成本（元/t）；Q_m为湿地年涵养水量（t/a）（崔丽娟，2004）。吴玲玲和陆健健（2002）提出精确估算湿地年调节水量的公式：$Q=\sum S_iD_i$，式中，Q 为湿地年调节水量；S_i为第 i 种土地利用类型面积；D_i为第 i 种土地利用类型蓄水深度。此公式适用于湿地中有不同土地利用类型。 其他评估方法：$U_m=V_m×A$。式中，U_m为湿地年调节水量价值；V_m为单位面积湿地调节水量价值；A 为湿地面积（张翼然等，2015）。 也可参考《LY/T 1721—2008 森林生态系统服务功能评估规范》中森林调节水量价值的算法
	净化水质	$U_{wq}=V_{wq}×A$	式中，U_{wq}为湿地年净化水质价值（元/a）；V_{wq}为单位面积湿地调节水量价值（元/km）；A 为湿地面积（km^2）（辛琨和肖笃宁，2002；张翼然等，2015）。 其他评估方法：用污染物净化量和净化成本来进行估算的方法。$V_p=\sum W_iC_i$，式中，V_p为水质净化价值；W_i为研究区域第 i 类污染物去除量；C_i为第 i 类污染物去除成本（徐洪等，2013）
固碳释氧	固碳	$U_c=V_{Q_c}×Q_c$	式中，U_c为湿地年固碳价值（元/a）；V_{Q_c}为固碳造林成本（元/t）；Q_c为湿地年固碳量（t）（吴玲玲等，2003）

续表

服务功能	评价指标	推荐评估公式	说明
固碳释氧	固碳	$U_c=V_{Q_c}\times Q_c$	其他评估方法：$U_c=V_c\times A$。式中，U_c为湿地年固碳价值；V_c为单位面积湿地固碳价值；A为湿地面积（张翼然等，2015）。 也可参考《LY/T 1721—2008 森林生态系统服务功能评估规范》中森林固碳价值的算法
	释氧	$U_o=V_{Q_o}\times Q_o$	式中，U_o为湿地年释氧价值（元/a）；V_{Q_o}为释氧造林成本（元/t）；Q_o为湿地年释氧量（t）（吴玲玲等，2003）。 其他评估方法：$U_o=V_o\times A$。式中，U_o为湿地年释氧价值；V_o为单位面积湿地释氧价值；A为湿地面积（张翼然等，2015）。 也可参考《LY/T 1721—2008 森林生态系统服务功能评估规范》中森林释氧价值的算法
调节气候	调节气候	$U_{cl}=V_{cl}\times A$	式中，U_{cl}为调节气候价值（元/a）；V_{cl}为单位面积湿地调节气候的价值（元/km^2）；A为湿地总面积（km^2）（张翼然等，2015）。 其他评估方法：可参考《LY/T 1721—2008 森林生态系统服务功能评估规范》中森林调节气候价值的算法。调节气候中传统的服务指标包括固碳释氧和水汽蒸散，由于与固碳释氧价值重复，故未在本体系中采用，其公式见表 2-11
洪水调蓄	洪水调蓄	$U_f=V_{Q_f}\times Q$	式中，U_f为湿地年洪水调蓄价值（元/a）；V_{Q_f}为单位库容成本（元/t）；Q为湿地年洪水调蓄量（t/a）（崔丽娟，2004；孔东升和张灏，2015）。 其他评估方法：$U_f=V_f\times A$。式中，U_f为洪水调蓄价值；V_f为单位面积湿地洪水调蓄价值；A为湿地总面积（张翼然等，2015）
生物多样性保护	物种保育	$U_s=V_s\times A$	式中，U_s为湿地年物种保育价值（元/a）；V_s为单位面积湿地生物多样性保护价值[元/(km^2·a)]；A为湿地面积（km^2）（崔丽娟，2004；张翼然等，2015）。 其他评估方法：可参考《LY/T 1721—2008 森林生态系统服务功能评估规范》中森林生物多样性保护价值的算法
旅游娱乐	旅游收入	$U=A\times B$	式中，U为湿地旅游收入；A为景区游客数；B为景区门票价格。参考《LY/T 1721—2008 森林生态系统服务功能评估规范》。 其他评估方法：有公式采用景区总收入减去支出的方式，不过常用直接价值计算公式

注：湿地的服务功能与森林服务功能有许多相似之处，故许多评估公式可相互参照使用。

3. 水体资源

水体资源生态服务功能性资源主要包括如下 5 个方面：地表水资源调蓄、净化水质、洪水调蓄、生物多样性保护和旅游娱乐。水体资源的生态服务类分类账户计算公式及说明见表 2-10。

表 2-10　水体资源生态服务类分类账户计算公式及说明

服务功能	评价指标	推荐评估公式	说明
地表水资源调蓄	地表水调蓄	$E_h=T_w(\theta_g r_g+\theta_n r_n)$	式中，E_h为地表水调蓄价值（元/a）；T_w为地表水调蓄量（t/a）；θ_g为工业用水比例（%）；θ_n为农业用水比例（%）；r_g为工业用水水价（元/t）；r_n为农业用水水价（元/t）。参考张波和程岭（2000）；王瑜（2007）。 其他评估方法如下。

续表

服务功能	评价指标	推荐评估公式	说明
地表水资源调蓄	地表水调蓄	$E_h=T_w(\theta_g r_g+\theta_n r_n)$	影子工程法：$V_w=V\times C_w$，式中，V_w为涵养水源价值；V为研究区域常水位时蓄水量；C_w为单位蓄水量库容成本（徐洪等，2013）。 由于水资源市场价值的数据更容易获取，因此常采用市场价
净化水质	去 N、P	$U=V\times C$	式中，U为净化水质价值（元）；V为净化水体总量（t）；C为污水处理成本（元/t）；净化功能的效益用污水去除的成本进行估算是最常用的净化水质价值评估方法（周宇，2010）。 其他评估方法：参考湿地净化水质价值算法。 由于污水处理的总体成本的数据更容易获取，因此常采用前者
洪水调蓄	洪水调蓄	$U_f=S\times R$	式中，U_f为调洪蓄水价值（元/a）；S为受保护耕地面积（km^2）；R为平均综合农业受灾损失（元/km^2）（赵同谦等，2003）。 其他评估方法：参考湿地洪水调蓄价值算法
生物多样性保护	水体年物种保育价值	$U_s=S_s\times A$	参见森林和湿地的生物多样性保护价值评估公式
旅游娱乐	旅游收入	$U=A\times B$	参见森林和湿地的旅游娱乐价值评估公式

注：结合 Constanza（1997）和《世界资源报告（1998—1999）》可以估算出水资源的平均资源价值为 0.36 元/m^3，包括实物性价值 0.09 元/m^3 和服务价值 0.27 元/m^3。因此，在数据缺乏的情况下，可直接用水资源总量（地表水和地下水资源量之和）与单位水资源服务价值（0.27 元/m^3）的乘积来大致估算水资源服务价值。

4. 主要生态服务功能的概念补充

由于各类资源的生态服务功能存在一定的重叠，故以下专门对主要的生态服务功能概念进行一定的解释。为读者在自行建立生态服务类账户时提供一定的参考。

涵养水源功能是指通过对降水的截留、吸收和下渗，从而减少地表径流，增加地下径流和地下水的储量，主要表现在增加可利用水资源、净化水质和调节径流三个方面。对降水进行时空再分配，达到以丰补歉的目的。与涵养水源类似的一个概念是地表水资源调蓄功能。地表水资源调蓄功能是指平衡水量时间与空间上的差异的功能。

洪水调蓄功能是指吸收并储存上游来的洪水，一部分可以在数天到几个月的时间内排放出来，从而减轻了下游的防洪压力的功能。

保育土壤功能是指活地被物和凋落物层层截留降水，降低水滴对表土的冲击和地表径流的侵蚀作用，同时林木根系固持土壤，防止土壤崩塌泄溜，减少土壤肥力损失及改善土壤结构的功能。

固碳释氧功能是指生态系统通过植被、土壤动物和微生物固定碳素并释放氧气的功能。

积累营养物质功能是指植物通过生化反应，在大气、土壤和降水中吸收 N、P、K 等营养物质并储存在体内各器官的功能。森林植被的积累营养物质功能对降低下游面源污染及水体富营养化有重要作用。

净化大气环境功能是指生态系统对大气污染物（如二氧化硫、氟化物、氮氧化物、粉尘、重金属等）的吸收、过滤、阻隔和分解，以及降低噪声、提供负离子和萜烯类（如芬多精）物质等功能。

物种保育功能是指生态系统为生物物种提供生存与繁衍的场所，从而对其起到保育作用的功能。

调节气候功能是指湿地或森林通过高热容量特性缓解气温的变化幅度，通过大集水面积增加大气湿度，以及通过植被吸收二氧化碳、释放氧气的功能。

游憩功能是指生态系统为人类提供休闲和娱乐的场所，使人消除疲劳、愉悦身心、有益健康的功能。游憩功能又被称为旅游娱乐功能，是指独特的环境条件和景观为人类提供了理想的旅游休闲场所的功能。

表 2-11　自然资源资产备选评估指标及公式

森林净化空气	吸收污染物	$U_{重金属}=K_{重金属}\times Q_{重金属}\times A$	式中，$U_{重金属}$为林分年吸收重金属价值（元/a）；$K_{重金属}$为重金属治理费用（元/kg）；$Q_{重金属}$为单位面积林分年吸收重金属量[kg/(hm·a)]；A 为林分面积（hm^2）。该公式来源于《LY/T 1721—2008 森林生态系统服务功能评估规范》
	降低噪声	$U_{噪声}=K_{噪声}\times A_{噪声}$	式中，$U_{噪声}$为林分年降低噪声价值（元/a）；$K_{噪声}$为降低噪声费用（元/kg）；$A_{噪声}$为降林分面积折合成隔声墙的千米数（km）。该公式来源于《LY/T 1721—2008 森林生态系统服务功能评估规范》
	滞尘	$U_{滞尘}=K_{滞尘}\times Q_{滞尘}\times A$	式中，$U_{滞尘}$为林分年滞尘价值（元/a）；$K_{滞尘}$为降尘清理费用（元/kg）；$Q_{滞尘}$为单位面积林分年滞尘量[kg/(hm²·a)]；A 为林分面积（hm^2）。该公式来源于《LY/T 1721—2008 森林生态系统服务功能评估规范》
湿地调节气候	固碳释氧	$U_{cl}=(U_c+U_o-U_{温室})$	式中，U_{cl}为调节气候价值（元/a）；U_c为湿地年固碳价值（元/a）；U_o为湿地年释氧价值（元/a）；$U_{温室}$为湿地年温室气体排放价值（元/a）（吴玲玲和陆健健，2002）
	水汽蒸散	$V=A_1\times P_i\times(W_E+W_T)$	式中，V为湿地区域气候调节功能价值；P_i为单位体积水汽调节气候的价值；W_E为保护区湿地水汽蒸发量；W_T为保护区湿地植被水汽蒸腾量；A_1为校正系数，等于保护区湿地与地带性林区干旱指数的比值（王继国，2007；孔东升和张灏，2015）
森林/湿地生物多样性保护	栖息地价值	$U_{栖息地}=U_{投资}\times[1+e^{-(1/En)}]$	式中，$U_{栖息地}$为森林/湿地保护区的栖息地价值（元）；$U_{投资}$为森林/湿地保护区的实际投资（元）；En 为恩格尔系数，其计算公式为：$En=F/(S-3F)$，式中，S 为全市居民人均消费性支出（元），F 为全市居民食品消费支出（元）（陈鹏，2006；刘晓辉等，2008）

2.6.3　自然资源资产负债评估体系构建

结合实物性资源资产账户和生态服务类资源资产账户，以及负债的六大条目（开发成本、应付污染治理成本、应付超载补偿成本、应付生态恢复成本、应付生态维护成本和应付职工薪酬），参照国家资产负债表（national balance sheet）的形式，首先对每项自然资源编制独立的资产负债表。在分项自然资源资产负债表的基础上，编制自然资源资产负债表总表。

1. 植被资源

植被资源资产负债表如表 2-12 所示。

表 2-12　植被资源资产负债表

编制单位：　　　　　　　　　　　　　　　　时　间：

资源类型	资产	期末	期初	负债和所有者权益	期末	期初
植被资源	1. 实物性资产			1. 植被资源负债		
	1.1 林木资源			1.1 开发成本		
	1.2 林地资源			1.2 污染治理成本		
	1.3 城市绿地资源			1.3 超载补偿成本		
	合计			1.4 生态恢复成本		
	2. 服务功能类资产			1.5 生态维护成本		
	2.1 涵养水源			1.6 应付职工薪酬		
	2.2 固碳释氧			合计		
	2.3 保育土壤			2. 植被资源所有者权益		
	2.4 净化大气			2.1 国家所有者权益		
	2.5 生物多样性保护			2.2 部门管理者权益		
	2.6 森林休憩价值			2.3 业主经营者权益		
	合计			合计		

2. 湿地资源

湿地资源资产负债表如表 2-13 所示。

表 2-13　湿地资源资产负债表

编制单位：　　　　　　　　　　　　　　　　时　间：

资源类型	资产	期末	期初	负债和所有者权益	期末	期初
湿地资源	3. 实物性资产			3. 水体资源负债		

续表

资源类型	资产	期末	期初	负债和所有者权益	期末	期初
湿地资源	3.1 产品供给			3.1 开发成本		
	合计			3.2 污染治理成本		
				3.3 超载补偿成本		
	4. 服务功能类资产			3.4 生态恢复成本		
	4.1 涵养水源			3.5 生态维护成本		
	4.2 固碳释氧			3.6 应付职工薪酬		
	4.3 调节气候			合计		
	4.4 洪水调蓄			4. 水体资源所有者权益		
	4.5 生物多样性保护			4.1 国家所有者权益		
	4.5 旅游娱乐			4.2 部门管理者权益		
	合计			4.3 业主经营者权益		
				合计		

3. 水体资源

水体资源资产负债表如表 2-14 所示。

表 2-14　水体资源资产负债表

编制单位：　　　　　　　　　　　　　　　　时　间：

资源类型	资产	期末	期初	负债和所有者权益	期末	期初
水体资源	5. 实物性资产			5. 水体资源负债		
	5.1 地表水资源			5.1 开发成本		
	5.2 地下水资源			5.2 污染治理成本		
	5.3 生物资源			5.3 超载补偿成本		
	合计			5.4 生态恢复成本		
				5.5 生态维护成本		
	6. 服务功能类资产			5.6 应付职工薪酬		
	6.1 地表水资源调蓄			合计		
	6.2 水质净化			6. 水体资源所有者权益		
	6.3 洪水调蓄			6.1 国家所有者权益		
	6.4 生物多样性保护			6.2 部门管理者权益		
	6.5 旅游娱乐			6.3 业主经营者权益		
	合计			合计		

4. 其他土地资源

土地资源资产负债表如表 2-15 所示。

表 2-15　土地资源资产负债表

编制单位：　　　　　　　　　　　　　　　　　　　时　间：

资源类型	资产	期末	期初	负债和所有者权益	期末	期初
土地资源	7. 实物性资产			7. 土地资源负债		
	7.1 农业用地			7.1 开发成本		
	7.2 储备用地			7.2 污染治理成本		
	合计			7.3 超载补偿成本		
				7.4 生态恢复成本		
	8. 服务功能类资产			7.5 生态维护成本		
	无			7.6 应付职工薪酬		
	合计			合计		
				8. 土地资源所有者权益		
				8.1 国家所有者权益		
				8.2 部门管理者权益		
				8.3 业主经营者权益		
				合计		

5. 总计

自然资源资产负债表总表如表 2-16 所示。

表 2-16　自然资源资产负债表总表

编制单位：　　　　　　　　　　　　　　　　　　　时　间：

资产	期末	期初	负债和所有者权益	期末	期初
实物性资产			负债		
植被资源			植被资源		
湿地资源			湿地资源		
水体资源			水体资源		
其他土地资源			其他土地资源		
合计			合计		
服务功能类资产			所有者权益		

续表

资产	期末	期初	负债和所有者权益	期末	期初
植被资源			植被资源		
湿地资源			湿地资源		
水体资源			水体资源		
其他土地资源			其他土地资源		
合计			合计		
总计			总计		

主要参考文献

陈东景, 徐中民, 陈仁升. 2003. 水资源账户的建立——环境经济综合核算的一个实例[J]. 水科学进展, 14(5): 631-637.

陈庚, 朱道林, 苏亚艺, 等. 2015. 大型城市公园绿地对住宅价格的影响——以北京市奥林匹克森林公园为例[J]. 资源科学, 37(11): 2202-2210.

陈佳. 2011. 基于选择试验模型的基本农田非市场价值评估研究[D]. 杭州: 浙江大学.

陈敏刚, 金佩华, 鲁兴萌, 等. 2005. 蚕桑生态系统服务功能价值的初步评估[J]. 蚕业科学, 31(3): 316-320.

陈鹏. 2006. 厦门湿地生态系统服务功能价值评估[J]. 湿地科学, (02): 101-107.

陈艳利, 弓锐, 赵红云. 2015. 自然资源资产负债表编制：理论基础, 关键概念, 框架设计[J]. 会计研究, (9): 18-26.

陈燕丽, 王普查. 2017. 我国自然资源资产负债表构建与运用研究——以政府官员离任审计为视角[J]. 财经问题研究, (2): 80-87.

陈征. 2005. 土地价值论[J]. 福建论坛(人文社会科学版), (2): 4-6.

崔丽娟. 2004. 鄱阳湖湿地生态系统服务功能价值评估研究[J]. 生态学杂志, 23(4): 47-51.

董家华, 舒延飞, 谢慧, 等. 2007. 城市建设用地生态服务功能价值计算与应用[J]. 同济大学学报(自然科学版), 35(5): 636-640.

段瑞娟. 2006. 北京土地利用系统的生态服务价值变化研究[D]. 北京：中国农业大学.

范紫娟, 敖长林, 毛碧琦, 等. 2017. 基于陈述性偏好法的三江平原湿地生态保护价值比较[J]. 应用生态学报, 28(2): 500-508.

封志明, 杨艳昭, 陈玥. 2015. 国家资产负债表研究进展及其对自然资源资产负债表编制的启示[J]. 资源科学, 37(9): 1685-1691.

封志明, 杨艳昭, 李鹏. 2014. 从自然资源核算到自然资源资产负债表编制[J]. 中国科学院院刊,

29(4):449-456.
甘泓, 汪林, 秦长海, 等. 2014. 对水资源资产负债表的初步认识[J]. 中国水利, (14): 1-7.
高吉喜, 范小杉. 2007. 生态资产概念, 特点与研究趋向[J]. 环境科学研究, 20(5): 137-143.
耿建新, 唐洁珑. 2016. 负债, 环境负债与自然资源资产负债[J]. 审计研究, (6): 3-12.
顾刚, 梁海超, 王爱国, 等. 2014. 重庆煤矿区生态补偿核算：以松藻矿区为例[J]. 中国矿业, 23(3): 66-71.
侯元兆, 王琦. 1995. 中国森林资源核算研究[J]. 世界林业研究, 8(3): 51-56.
胡文龙, 史丹. 2015. 中国自然资源资产负债表框架体系研究——以 SEEA2012, SNA2008 和国家资产负债表为基础的一种思路[J]. 中国人口资源与环境, 25(8): 1-9.
黄辑, 荣宪屏. 1999. 自然资源资产化管理的理论与实践探讨[J]. 辽宁广播电视大学学报, (2): 38-40.
黄林楠, 张伟新, 姜翠玲, 等. 2008. 水资源生态足迹计算方法[J]. 生态学报, 28(3): 1279-1286.
季曦, 刘洋轩. 2016. 矿产资源资产负债表编制技术框架初探[J]. 中国人口·资源与环境, 26(3): 100-108.
江波, Wong Christina P, 欧阳志云. 2016. 湖泊生态服务受益者分析及生态生产函数构建[J]. 生态学报, 36(8): 2422-2430.
可雅臻, 姜桂莉, 梁琦. 1997. 关于自然资源资产评估计价标准的几个问题[J]. 税务与经济, (1): 55-58.
孔东升, 张灏. 2015. 张掖黑河湿地自然保护区生态服务功能价值评估[J]. 生态学报, 35(4): 972-983.
孔祥斌, 张凤荣, 李霖. 2002. 农用地估价方法探讨[J]. 河北农业大学学报, 25(4): 57-61.
李国平, 李潇, 萧代基. 2013. 生态补偿的理论标准与测算方法探讨[J]. 经济学家, 2(2): 42-49.
李海涛, 廖迎春, 严茂超. 2003. 江西生态经济系统的能值分析[J]. 江西农业大学学报(自然科学版), 25(1): 93-98.
李金昌. 1991. 自然资源价值理论和定价方法的研究[J]. 中国人口资源与环境, (1): 29-33.
李金昌. 1992. 关于自然资源的几个问题[J]. 自然资源学报, 7(3): 193-207.
李京梅, 陈琦, 姚海燕. 2015. 基于选择实验法的胶州湾湿地围垦生态效益损失评估[J]. 资源科学, 37(1): 68-75.
李伟. 2009. 对环境会计实践的几点思考[J]. 佛山科学技术学院学报(社会科学版), 27(4): 38-40.
李文华, 刘某承. 2010. 关于中国生态补偿机制建设的几点思考[J]. 资源科学, 32(5): 791-796.
李晓光, 苗鸿, 郑华, 等. 2009. 机会成本法在确定生态补偿标准中的应用——以海南中部山区为例[J]. 生态学报, 29(9): 4875-4883.
林培治. 生态经济系统能值分析综述[J]. 2012. 安徽农学通报, 18(18): 40-41, 55.
刘璨, 荣庆娇, 刘浩, 等. 2012. 青海省乐都县下营乡土地退化成本效益分析——基于生态系统服务方法[J]. 林业经济, (12):92-99.

刘书俊, 姚卫红, 王艳. 2005. 我国水资源价值测算刍议[J]. 科技进步与对策, 22(6): 53-56.
刘晓辉, 吕宪国, 姜明, 等. 2008. 湿地生态系统服务功能的价值评估[J]. 生态学报, (11): 5625-5631.
刘亚灵, 周申蓓. 2017. 水资源账户的建立与应用研究[J]. 人民长江, 48(5): 43-47.
陆宏芳, 沈善瑞, 陈洁, 等. 2005. 生态经济系统的一种整合评价方法:能值理论与分析方法[J]. 生态环境, 14(1): 121-126.
马建伟, 张宋智, 郭小龙, 等. 2006. 小陇山森林生态效益初步评估[J]. 甘肃林业科技, 31(4): 1-4, 9.
皮红莉. 2004. 洞庭湖湿地生态系统服务功能价值评价及其恢复对策研究[D]. 长沙: 湖南师范大学.
戚英, 虞依娜, 彭少麟. 2007. 广东鹤山林-果-草-鱼复合生态系统生态服务功能价值评估[J]. 生态环境, 16(2): 584-591.
乔晓楠, 崔琳, 何一清. 2015. 自然资源资产负债表研究: 理论基础与编制思路[J]. 中共杭州市委党校学报, (2): 73-83.
曲长令, 白山. 1998. 成本逼近法在农业用地地价评估中的应用[J]. 农业经济, (6): 26-26.
石忆邵, 张蕊. 2010. 大型公园绿地对住宅价格的时空影响效应——以上海市黄兴公园绿地为例[J]. 地理研究, 29(3): 510-520.
王尔大, 李莉, 韦健华. 2015. 基于选择实验法的国家森林公园资源和管理属性经济价值评价[J]. 资源科学, 37(1): 193-200.
王方. 2012. 祁连山自然保护区生态资产价值评估研究[D]. 兰州：兰州大学.
王广成, 李祥仪. 1996. 论矿产资源的价值及价值构成[J]. 地质技术经济管理, 18(6): 22-26.
王继国. 2007. 艾比湖湿地调节气候生态服务价值评价[J]. 湿地科学与管理, 2(3): 38-41.
王娇, 胡丹, 李智勇. 2016. 辽宁省森林生态系统服务功能价值研究[J]. 中南林业科技大学学报, 36(9): 96-103.
王晋楠. 2014. 基于选择实验法的村镇景观游憩价值评估[D]. 北京: 北京林业大学.
王晶, 杨宝仁. 2010. 旅行费用法在北方森林动物园资源价值评估中的应用[J]. 经济师, (7): 64-65.
王立彦, 蒋洪强. 2014. 环境会计[M]. 北京: 中国环境出版社.
王敏, 陈尚, 夏涛, 等. 2011. 山东近海生态资本价值评估——供给服务价值[J]. 生态学报, 31(19) :5561-5570.
王庆日. 2003. 城市绿地的价值及其评估研究[D]. 杭州：浙江大学.
王喜刚, 王尔大. 2013. 基于修正旅行成本法的景区游憩价值评估模型——大连老虎滩海洋公园的实证分析[J]. 资源科学, 35(8): 1693-1700.
王瑜. 2007. 水资源环境综合经济核算框架内容[J]. 中国水利, (18): 15-16.
魏胜文, 陈先江, 张岩, 等. 2011. 能值方法与存在问题分析[J]. 草业学报, 20(2): 270-277.

吴冬梅, 郭忠兴, 陈会广. 2008. 城市居住区湖景生态景观对住宅价格的影响研究——以南京市莫愁湖为例[C]. 南京: 中国生态经济学会第七届会员代表大会暨生态经济与和谐社会研讨会.
吴玲玲, 陆健健. 2002. 长江河口湿地生物多样性及其生态服务价值[C]. 杭州: 第五届全国生物多样性保护与持续利用研讨会.
吴玲玲, 陆健健, 童春富,等. 2003. 长江口湿地生态系统服务功能价值的评估[J]. 长江流域资源与环境, 12(5): 411-416.
向书坚, 郑瑞坤. 2016. 自然资源资产负债表中的负债问题研究[J]. 统计研究, 33(12): 74-83.
肖序, 王玉, 周志方. 2015. 自然资源资产负债表编制框架研究[J]. 会计之友, (19): 21-29.
谢双玉, 訾瑞昭, 许英杰, 等. 2008. 旅行费用区间分析法与分区旅行费用法的比较及应用[J]. 旅游学刊, 23(2): 41-45.
辛琨, 肖笃宁. 2002. 盘锦地区湿地生态系统服务功能价值估算[J]. 生态学报, 22(8):1345-1349.
徐洪, 赵鹏大, 武俊梅,等. 2013. 杭州西湖生态系统服务价值评估[J]. 水科学进展, 24(3): 436-441.
徐晓鹏, 武春友. 2005. 水资源价格理论研究综述[J]. 甘肃社会科学, (3): 218-221.
徐中民, 程国栋, 张志强. 2001. 生态足迹方法: 可持续性定量研究的新方法——以张掖地区 1995 年的生态足迹计算为例[J]. 生态学报, 21(9): 1484-1493.
徐中民, 任福康, 马松尧, 等. 2003. 估计环境价值的陈述偏好技术比较分析[J]. 冰川冻土, 25(6): 701-707.
薛达元. 2000. 长白山自然保护区生物多样性非使用价值评估[J]. 中国环境科学, 20(2): 141-145.
严春军. 2013. 上海水生态系统服务功能价值评估及其动态变化[J]. 人民长江, 44(20): 80-84.
晏智杰. 2004. 自然资源价值刍议[J]. 北京大学学报(哲学社会科学版), 41(6): 70-77.
杨柳春, 陆宏芳, 刘小玲, 等. 2003. 小良植被生态恢复的生态经济价值评估[J]. 生态学报, 23(7): 1423-1429.
杨庆媛, 印文. 1999. 收益还原法在农业用地价格评估中的应用浅析[J]. 西南师范大学学报(自然科学版), 24(1): 103-109.
叶有华, 张原, 孙芳芳, 等. 2017.深圳市自然资源资产核算技术研究[M]. 北京: 科学出版社.
雍新琴, 张安录. 2012. 基于粮食安全的耕地保护补偿标准探讨[J]. 资源科学, 34(4): 749-757
于遵波, 洪绂曾, 韩建国. 2006. 草地生态资产及功能价值的能值评估——以锡林郭勒羊草草地为例[J]. 中国草地, 28(2): 1-6.
虞依娜. 2008. 广东热带退化森林生态系统恢复的生态经济价值研究[D]. 广州：中山大学.
张波, 程岭. 2000. 水资源价值核算研究——以哈尔滨城市供水系统为例[J]. 国土与自然资源研究, (1): 46-48.
张敦富. 1994. 环境经济[M]. 北京：人民出版社.

张灏, 孔东升. 2013 张掖黑河湿地国家级自然保护区气候调节功能价值评估[J]. 西北林学院学报, (03): 177-181, 197.

张亚鑫, 田晓晖, 刘珉. 2017. 城市森林价值评估方法研究综述[J]. 林业经济, (3): 64-72.

张翼然, 周德民, 刘苗. 2015. 中国内陆湿地生态系统服务价值评估——以 71 个湿地案例点为数据源[J]. 生态学报, 35(13): 4279-4286.

张茵, 蔡运龙. 2005. 条件估值法评估环境资源价值的研究进展[J]. 北京大学学报(自然科学版), 41(2): 317-328.

张茵, 蔡运龙. 2010. 用条件估值法评估九寨沟的游憩价值——CVM 方法的校正与比较[J]. 经济地理, 30(7): 1205-1211.

张永珅. 2015. 基于环境重置成本法的荒漠生态补偿价值计量研究[D]. 兰州: 兰州财经大学.

张友棠, 刘帅. 2016. 基于自然资源资产负债表的环境责任审计体系设计——以水资源为例[J]. 财政监督, (1): 95-97.

张友棠, 刘帅, 卢楠. 2014. 自然资源资产负债表创建研究[J]. 财会通讯, (4): 6-9.

赵秉栋. 1999. 论自然资源的价值问题[J]. 河南大学学报(自然科学版), 29(2):77-82.

钟海玥, 张安录, 蔡银莺. 2009. 武汉市南湖景观对周边住宅价值的影响——基于 Hedonic 模型的实证研究[J]. 中国土地科学, 23(12): 63-68.

钟学斌, 喻光明, 何国松, 等. 2005. 九宫山自然保护区森林植被生态服务功能经济价值[J]. 咸宁学院学报, (06): 92-97, 101.

周宇. 2010. 基于生态服务价值的松花江流域水资源可持续利用研究[D]. 哈尔滨: 东北林业大学.

Adamowicz W, Louviere J, Williams M. 1994. Combining revealed and stated preference methods for valuing environmental amenities[J]. Journal of Environmental Economics and Management, 26(3): 271-292.

Alpizar F, Carlsson F, Martinsson P. 2001. Using choice experiments for non-market valuation[J]. Working Papers in Economics, 8(52): 83-110.

Beecher J A. 1996. Avoided cost: An essential concept for integrated resource planning[J]. Journal of Contemporary Water Research and Education, 104:28-35.

Bockstael N E, McConnell K E. 2007. Environmental and Resource Valuation with Revealed Preferences: A Theoretical Guide to Empirical Models[M]. Dordrecht, The Netherlands: Springer.

Brookshire D S, Neill H R. 1992. Benefit transfers' conceptual and empirical issues[J]. Water Resources Research, 28:651-655.

Chae D, Wattage P, Pascoe S. 2012. Recreational benefits from a marine protected area: A travel cost analysis of Lundy[J]. Tourism Management, 33(4): 971-977.

Chee Y E. 2004. An ecological perspective on the valuation of ecosystem services[J]. Biological

Conservation, 120: 549-565.

Common M, Stogl S. 2005. Ecological Economics: An Introduction[M]. New York, USA: Cambridge University Press.

Costanza R, d'Arge R, de Groot R, et al. 1997. The value of the world's ecosystem services and natural capital[J]. Nature, 387(6630): 253-260.

Davis R K. 1963. Recreation planning as an economic problem[J]. Nat Resources J, 3: 239.

de Groot R S, Wilson M A, Boumans R M J. 2002. A typology for the classification, description and valuation of ecosystem functions, goods and services[J]. Ecological Economics, 41: 393-408.

de Groot R, Brander L, van der Ploeg S, et al. 2012. Global estimates of the value of ecosystems and their services in monetary units[J]. Ecosystem Services, 1: 50-61.

Dlamini C S. 2012. Types of values and valuation methods for environmental resources: Highlights of key aspects, concepts and approaches in the economic valuation of forest goods and services[J]. Journal of Horticulture and Forestry, 4:181-189.

Dwyer J F, Peterson G L, Darragh A J. 1983. Estimating the value of urban forests using the travel cost method[J]. Journal of Arboriculture, 9(7): 182-185.

Freeman A M Ⅲ, Herriges J A, Kling C L. 2014. The Measurement of Environmental and Resource Values: Theory and Methods. 3rd Edition[M]. Londin: RFF Press.

Gosselink J G, Odum E P, Pope R M. 1974. The value of the tidal marsh[Z]. Center for Wetland Resources, Louisiana State University: LSU-SG-74-03.

January-Bevers D, Bothwell S, Drummond J, et al. 2016. The ecosystem services primer: A primer for problem-solving using ecosystem services[Z]. Houston Wilderness.

Jeff B. 2011. The International Handbook on Non-Market Environmental Valuation[M]. Cheltenham, UK: Edward Elgar.

Johnston R J, Rolfe J, Rosenberger R, et al. 2015. Benefit Transfer of Environmental and Resource Values: A Guide for Researchers and Practitioners[M]. Dordrecht, Netherlands: Springer Netherlands.

Kareiva P, Tallis H, Ricketts T H, et al. 2011. Natural Capital: Theory & Practice of Mapping Ecosystem Services[M]. New York, USA: Oxford University Press.

King D M, Mazzotta M J. Dollar-based Ecosystem Valuation Methods[EB/OL]. (2000-01-01) http://www.ecosystemvaluation.org/dollar_based.htm.

Knaap G J. 1985. The price effects of urban growth boundaries in metropolitan Portland, Oregon[J]. Land Economics, 61(1): 26-35.

Kontoleon A, Pascual U. 2007. Incorporating Biodiversity into Integrated Assessments of Trade Policy in the Agricultural Sector. Volume Ⅱ: Reference Manual. Chapter 7. Economics and Trade Branch, United Nations Environment Programme. Geneva[Z]. Retrieved from United

Nations Environment Programme (UNEP) website: http://www.unep.ch/etb/pdf/UNEPpercent 20T+ B percent20Manual. Vol percent2011. Draft percent20June07.pdf.

Lee J, Springborn M, Handy S L, et al. 2010. Approach for Economic Valuation of Environmental Conditions and Impacts: Final Report to CALTRANS and the Multi-Disciplinary Team[Z]. UC Davis Scientific Team.

Liu S, Costanza R, Farber S, et al. 2010. Valuing ecosystem services[J]. Annals of the New York Academy of Sciences, 1185(1): 54-78.

MA (Millennium Ecosystem Assessment). 2003. Ecosystems and Human Well-being: A Framework for Assessment[M]. Washington DC, USA: Island Press.

McKinsey Company Inc., Koller T, Goedhart M, et al. 2010. Valuation: Measuring and Managing the Value of Companies, University Edition. 5th Edition[M]. Hoboken, NJ, USA: JohnWiley & Sons, Inc.

Nicholls S, Crompton J L. 2005. The impact of greenways on property values: Evidence from Austin, Texas[J]. Journal of Leisure Research, 37(3):321.

Ninan K N. 2014. Valuing Ecosystem Services: Methodological Issues and Case Studies[M]. Cheltenham, UK: Edward Elgar Publishing.

NRC (National Research Council). 2005. Valuing Ecosystem Services: Toward Better Environmental Decision-Making[M]. Washington, DC, USA: National Academies Press.

Pagiola S, Ritter K V, Bishop J. 2004. Assessing the Economic Value of Ecosystem Conservation[Z]. Washington, D C, USA: The World Bank Environment Department.

Pascual U, Muradian R, Brander L, et al. 2010. The Economics of Valuing Ecosystem Services and Biodiversity[M]. London: Earthscan.

Pearce D W, Moran D. 1994. The Economic Value of Biodiversity[M]. London, UK: Earthscan Publi- cations Ltd.

Pearce D W, Turner R K. 1990. Economics of Natural Resources and the Environment[M]. Baltimore M D. USA: The Johns Hopkins University Press.

Schneider D M, Godschalk D R, Axler N. 1978. The carrying capacity concept as a planning tool. Chicago: American Planning Association: 22-59.

Science Advisory Board (SAB). 2009. Valuing the protection of ecological systems and services: A report of the epa science advisory board[Z]. Washington, D C: United States Environmetal Protection Agency, EPA-SAB-09-012.

Shrestha R K, Seidl A F, Moraes A S. 2002. Value of recreational fishing in the Brazilian Pantanal: a travel cost analysis using count data models[J]. Ecological Economics, 42(1): 289-299.

Turner R K, Georgiou S, Fisher B. 2008. Valuing Ecosystem Services: The Case of Multi-functional Wetlands[M]. London, UK and Sterling, VA, USA: Earthscan.

Venkatachalam L. 2004. The contingent valuation method: a review[J]. Environmental Impact Assessment Review, 24(1):89-124.

Xue D, Tisdell C. 2001. Valuing ecological functions of biodiversity in Changbaishan Mountain biosphere reserve in northeast China[J]. Biodiversity and Conservation, 10:467-481.

第 3 章　资源环境承载力评估与预警体系编制

3.1　资源环境承载力与承载力预警相关概念

3.1.1　资源环境承载力相关概念

1. 承载力

承载力最初被引进区域系统是在生态学中应用，其含义是在某种环境条件下，某种生物个体可存活的最大数量的潜力（Odum，1971），在实践中的最初应用领域是畜牧业。随着人地矛盾不断加剧，承载力概念发展并应用到自然-社会系统中，提出了土地资源承载力概念，即在一定生产条件下土地资源的生产力和一定生活水平下所承载的人口限度。20 年代 70 年代以后，人口、经济、资源与环境等全球性问题日益突出，人口承载力、资源承载力、环境承载力、水资源承载力、矿产资源承载力的研究也应运而生。

在环境污染蔓延全球、资源短缺和生态环境不断恶化的情况下，科学家们相继提出了资源承载力、环境承载力、生态承载力等概念。资源承载力是基础，环境承载力是核心，生态承载力是综合。

2. 资源承载力

联合国教科文组织给资源承载力（resource bearing capacity）下的定义是“一个国家或地区的资源承载力是指在可以预见到的期间内，利用本地能源及其自然资源和智力、技术等条件，在保证符合其社会文化准则的物质生活水平条件下，该国家或地区能持续供养的人口数量”。资源承载力是一个复杂系统，其承载量一是取决于资源系统本身，包括资源的数量和质量、资源的开采条件，以及人们利用资源的程度、方式与手段等；二是取决于资源系统与人口、环境、经济和社会系统的相互协调程度。

从一般属性上看，资源可以分为自然资源和社会资源。目前有关资源承载力的研究主要集中在自然资源领域，又因为土地是最重要的自然资源之一，土地资源承载力是最基本的资源承载力，因此以土地资源承载力的研究历史相对较长，取得的成果也相对较多。随着科技进步和全球一体化的发展，一定区域内人们的生活和生产对区域内已有自然资源存量的依赖性慢慢变低，而且在特定时间段内，影响区域内人与自然相互作用过程的因子是有限的，因此资源承载力的研究范围逐步从自然资源承载力扩展到社会资源承载力。考虑到人是社会子系统的主要组成因素，是承载力中的承载对象，因此社会发展中的经济要素，即经济资源承载力开始作为社会资源承载力研究的主要内容。

3. 环境承载力

环境承载力从广义上讲，是指某一区域的环境对人口增长和经济发展的承载力；从狭义上讲，即为环境容量。关于环境承载力，目前主要有三种定义方式。①从“容量”角度的定义。环境容量是指环境系统对外界其他系统污染的最大允许承受量或负荷量，主要包括大气环境容量、水环境容量等。例如，高吉喜（2001）在《可持续发展理论探索》一书中指出，“环境承载力是指在一定生活水平和环境质量要求下，在不超出生态系统弹性限度条件下，环境子系统所能承纳的污染物数量，以及可支撑的经济规模与相应人口数量”。②从“阈值”角度的定义。“环境承载力是指在某一时期、某种环境状况下，某一区域环境对人类社会经济活动的支持能力的阈值”（唐剑武，1997）。《中国大百科全书》（2002 版）中，环境承载力的定义是“在维持环境系统功能与结构不发生变化的前提下，整个地球生物圈或某一区域所能承受的人类作用在规模、强度和速度上的限值”。郭秀锐等（2000）认为“环境承载力是指在一定时期、一定状态或条件下，一定环境系统所能承受的生物和人文系统正常运行的最大支持阈值”，它不仅体现了环境系统资源的价值，而且还突出了环境系统与生物和人文系统间的密切作用关系。环境承载力具有客观性、相对性、可调性和随机性的特征。③从“能力”角度的定义。彭再德（1996）等学者将环境承载力定义为“在一定的时期和一定区域范围内，在维持区域环境系统结构不发生质的改变，区域环境功能不朝恶性方向转变的条件下，区域环境系统所能承受的人类各种社会经济活动的能力”；Schneider（1978）强调，“环境承载力是自然或人造环境系统在不会遭到严重退化的前提下，对人口增长的容纳能力”。环境承载力与环境容量有所不同，环境承载力强调的是环境系统资源对其中生物和人文系统活动的支撑能力，突出的是其量化测度；而环境容量则强调的是环境系统要素对其中生物和人文系统排污的容纳能力，突出的是其质地衡量。环境容量侧重体现和反映环境系统的纯自然属性，而环境承载力则突出显示和说明环境系统的综合功能（生物、人文与环境的复合）（倪天麟和王伟，2000）。

4. 生态承载力

高吉喜（1999）在研究黑河流域生态承载力时将生态承载力定义为：生态系

统的自我维持、自我调节能力，资源与环境子系统的供容能力及其可维持的社会经济活动强度和具有一定生活水平的人口数量。同时指出，资源承载力是生态承载力的基础条件，环境承载力是生态承载力的约束条件，生态弹性力是生态承载力的支持条件。对于某一区域，生态承载力强调的是系统的承载功能，而突出的是对人类活动的承载力，其内容应包括资源子系统、环境子系统和社会子系统，生态系统的承载力要素应包含资源要素、环境要素及社会要素。因此，某一区域的生态承载力概念，是某一时期、某一地域、某一特定的生态系统，在确保资源的合理开发利用和生态环境良性循环发展的条件下，可持续承载人口数量、经济强度及社会总量的能力（黄青和任志远，2004）。

3.1.2 承载力预警相关概念

预警思想和预警方法古已有之，但直到20世纪40年代初期，随着雷达系统的诞生，预警一词应用于军事领域，才正式形成了预警系统的科学概念（邢文革，2010）。随着社会进步的需要，预警所具有的信息反馈机制逐步超越了军事，进入现代经济、政治、医疗、灾变、治安等自然和社会领域。

预警，是一种确定系统某种状态偏离预警线的状态并发出预警信号的过程（王洪德和马云东，2004）。资源环境承载力预警体系是对警情变化状况发出监控信号的信息处理体系（高凡等，2007）。本书建立的资源环境承载力预警体系是对资源环境承载力的各项指标进行评估，对其发展趋势实施监测，通过采取措施对影响资源环境的各个要素进行控制，以维持生态系统的动态平衡，使人类在社会经济发展的同时又不对资源环境造成破坏，实现资源的可持续发展。承载力预警体系的基本步骤包括5个阶段：明确警义、寻找警源、分析警兆、预报警度、排除警患（谢姆斯叶·艾尼瓦尔, 2013）。主要涉及以下6个概念。

（1）警义：是指预警指标。资源环境承载力预警指标体系主要由自然资源环境预警指标群和人工环境预警指标群组成。具体各类预警指标，可依据各个区域不同时期、不同特点及其各子系统运行与发展的不同状态水平选取和确定有代表性的指标，也可根据实际情况增加适当的指标（周伟等，2015）。

（2）警情：区域资源环境承载力系统运行与发展偏离可持续发展路径，或承载力与水平下降或区域经济社会发展与资源环境保护产生冲突，或某一子系统的运行与发展受阻等现象均为警情，它一般由警义来加以描述，即以预警指标的实测值来反映。明确警情是预警的前提（吴良兴，2009）。

（3）警源：是产生警情的根源。区域可持续发展系统的警源，就是区域系统运行与发展发生故障的根源，像引起火灾的火种、导致人体生病的病源一样，是区域系统产生警情的源头。它可能是系统自身引起的内生警源，也可能是系统外因素诱引的外生警源，寻找警源是预警过程的起点（胡健和孙金花，2016）。

（4）警兆：是警情爆发前的先兆，它作为一种先导现象，表现了警源演变成警情的外部形态。从警源到警情的演变过程既是警源的量变到质变的过程，也是警情的孕育进程，又是警兆的表现过程。在预警过程中，分析与辨识警兆是一个关键环节（顾海兵，2000）。

（5）警度：是衡量警情与警兆的严重程度，即“危险点”或“危险区”的危险程度或强度，通常可划分为无警、轻警、中警、重警、巨警若干等级。区域资源环境承载力的警度是判定区域资源环境承载力系统运行与发展中各种警情、警兆和是否有警的尺度或参照系，是区域资源环境承载力预警的目的（文俊，2006）。

（6）警患：是指当前需要解决的问题。资源环境承载力预警包括两种模式，一种是景气预警，另一种是景兆预警。景气预警就是确定资源环境承载力目前所处的状态是否超出预期范围，即对目前发展状态的监测；景兆预警就是按照目前的发展速度，将在什么时候出现什么样的警情，即动态地把握将来的发展趋势（熊建新等，2014）。

3.2　资源环境承载力评估的国内外研究进展

3.2.1　资源环境承载力评估研究进展

资源环境承载力的主要研究范式以实证研究为主，其中大部分研究是基于调查问卷、实地调研、文献综述、数据统计、实验、地理信息系统（GIS）、模拟仿真等研究方法，以某一国家或某一区域为研究对象，结合具体的评价方法，对其资源环境承载力进行单因素或多因素的综合评价（Carey，1993；Price，1999；龙腾锐和姜文超，2003；齐文虎，1987；肖炳成，1990）。从资源环境-社会经济系统相互作用的角度，资源环境承载力监测应该包括两大类指标的监测。首先是“承载体”，即多个方面的资源和环境，包括：生物资源、土地资源、能源资源、水资源、空气环境、绿化环境、水环境和交通环境等自然资源（郑国强等，2004；孙玉军和王如松，2000；李月辉等，2003；Lozato-Giotart，1992；Arrow et al., 1995）。其次是“承载对象”，即“承载体”所能支撑的社会+经济综合发展规模和限度（Schneider et al.，1978；唐剑武等，1997；潘东旭和冯本超，2003；郭秀锐等，2000；解振华，2002；高吉喜，2001；吴学龙，1991）。因此，需要建立系统完善的资源环境承载力评估体系，对资源、环境和社会经济数据进行监测（彭再德和杨凯，1996；刘殿生，1995）。

1. 资源环境承载力评估的资源类别

对于城市而言，资源环境承载力评估涉及的资源类别主要为以下 10 类。

（1）生物资源。城市的生物资源主要指农林牧渔业中的林木资源、农牧产品与水产品等，是提供原料、能源、产品和食物的自然宝库，既与居民的基本日常生活紧密相连，又与城市的发展密不可分（陈百明，2002；谢俊奇等，2004；封志明，2007；刘东等，2011）。

（2）土地资源。与传统的土地人口承载力研究土地食物产出所能养活人口数量不同的是，城市土地资源的主要功能为发展经济，即以二、三产业为主，生产食物不再是城市土地资源的主要功能，而社会经济条件对人类生存发展的支撑则更为重要（郭微等，2012；金云峰和王小烨，2014；单胜道等，2000；申元村，1990；郭志伟，2008）。

（3）能源资源。能源资源是一个区域社会经济发展的必要条件之一，能源资源是生产生活中必须消耗的资源，制约着区域经济的快速发展。对能源资源承载力的分析，可以预测一定时间和技术条件下，区域发展社会经济的能力，为科学合理地制订区域发展计划、合理配置资源提供依据。能源资源承载力研究的核心问题是一个区域的可利用能源资源究竟能够支撑多大的社会经济系统发展规模，如何合理利用有限的能源资源，改善能源利用结构，维持区域的能源资源承载力，支持区域社会经济的可持续发展（Glasure and Lee，1998；Yu and Hwang，1984；Akarca and Long，1980；唐葆君和石小平，2011；唐葆君等，2015）。

（4）水资源。水资源也是一个区域社会经济发展的必要条件之一，水资源的丰富程度直接关系到区域的发展方式和前景，很多区域的发展往往受到水资源的制约。水资源承载力监测的核心是在一定的水资源开发利用阶段和生态环境保护目标下，一个流域或者区域的可利用的水资源量究竟能够支撑多大的社会经济系统发展规模，如何合理管理有限的水资源，维持和改善陆地系统水资源承载力，支持区域社会经济的发展（朱一中等，2002；姚治君等，2002；徐中民，1999；夏军和朱一中，2002；王建华等，1999；惠泱河等，2001；程国栋，2002）。

（5）生态环境。生态环境承载力评估的主要对象为森林和城市绿地资源。森林是陆地生态系统的主体，也是维持生态环境质量的重要生态系统成分。森林承载力是森林可持续性评价中的一个重要的关键性指标，是制定和实施区域可持续林业发展规划、战略的前提，是区域森林经营管理决策的依据，同时它也是可持续林业理论的重要组成部分。城市绿化是生态环境建设的重要载体，是城市生态安全的重要保障，也是城市可持续发展的重要基础设施。对绿化环境的承载力进行分析，可借以了解城市在绿地系统规划的进程中，人居环境是否随着长期的土地开发和市政建设保持应有的水平和质量，从而为将来土地利用生态安全格局的构建提供依据（于波涛，2008；尹新哲等，2013；杨江鹏，2014；王晶和杨宝仁，2010；汪君等，2007；孙道玮等，2002；苗琨，2011；黄酉红，2007；耿华等，2002；杜忠潮，2012；郭微等，2012；金云峰和王小烨，2014）。

（6）大气环境。大气环境质量是人居生活环境质量的重要方面，与居民的健康质量息息相关。大气环境质量的主要评估指标是大气污染物，包括 SO_2、NO_2、PM_{10}、$PM_{2.5}$ 和悬浮颗粒物（TSP）浓度（张静等，2013；徐大海和王郁，2013；唐燕秋等，2016；宋宇，2011；刘艳菊等，2009；刘立勇等，2009；范丽雅等，2013；陈新凤，2006）。

（7）水环境。水环境承载力是指根据区域环境质量的要求，在保证区域水环境自身功能可持续发展的前提下，对人类社会、经济活动的一种支撑能力。具体而言就是区域水环境在不影响水资源利用的前提下所能容纳污染物的能力，一般用水环境容量来表征。另外，饮用水的质量与人居生活质量密切相关，因此也是水环境承载力的重要评估内容（王俭等，2007；钱华等，2004；李清龙等，2004；崔凤军，1998；李如忠等，2004；贾振邦和董安生，1995）。

（8）声环境。噪声污染问题是严重影响人们身体健康和生活质量的环境问题。因此，声环境承载力是区域的资源环境承载力的重要一环。声环境承载力评估主要就是区域噪声的评估（黄柯等，2008；黄宝香，2011；侯德劭等，2008）。

（9）固废环境。社会经济发展伴随着大量固体废物的产生。及时、有效地处理固体废弃物能够保障区域的生态环境质量和人们的生活质量（周继豪等，2016；王恒，2008；郭娜等，2011；董小伟，2015；褚新东和宋海龙，2015）。然而，目前的固废环境数据收集和监测机制并不十分完善。

（10）交通环境。城市道路网络是在一定的城市发展与交通规划下形成的，取决于城市空间布局与土地利用类型。随着社会经济的飞速发展，城市道路网络面临着越来越大的压力（卫振林等，1997；王振报等，2005；宋文彪，1985；李铁柱等，2009；谷清和汤大钢，2001；程继夏，2004）。这会严重制约社会经济的发展和人民生活水平的提高。目前对于城市道路网络的供给大部分采用路网容量的概念，交通空间容量是交通设施在单位空间上能够容纳的最多车辆数，实际上也是路网容量的概念（赵文娟，2007；杨日辉和王首绪，2006；刘志硕等，2002；伏晴艳等，2004）。

2. 资源环境承载力评估方法

1）基于指标体系的评估方法

联合国政策协调与可持续发展部、联合国可持续发展委员会、联合国统计局、联合国环境规划署、联合国开发计划署、联合国儿童基金会和亚太经社理事会于 1996 年共同提出了一个初步的可持续发展指标体系框架，即基于指标体系的评估方法（Assessment Methods Based Indicators/Indices）（张志强等，2002）。该框架结合了《21 世纪议程》中各章节内容，并且以“经济、社会、环境和机构”4 大系统的概念模型和“驱动力—状态—响应”概念体系为基础，涵盖了“驱动力—状态—响应”三类指标体系。驱动力指标（共 42 个）被用来表示人类的一些有可能造成区域发展不可持续的社会经济活动；状态类指标（共 53 个）则是对一定时间内，组成区域人地系统的各子要素状态加以描述；响应类指标（共 37 个）是指人类为提高区域人地系统的可持续发展能力，针对驱动力类指标所反映的系统问题而采取的措施和对策（顾康康，2012）。该套指标体系的构建为其他国家及国际组织构建相应的指标体系提供了良好的参考依据和框架思路。基于指标体系的评估方法的定义、评估思路、适用范围和优劣势详见表 3-1。

表 3-1　基于指标体系的评估方法的定义、评估思路、适用范围和优劣势

方法	定义	评估思路	适用范围
生态足迹法	满足一定数目的人口进行生产、生活所必需的生产性土地的面积（Rees et al.，1992；Wackernagel et al.，1993）	将人的所有消费内容追溯到为该消费内容提供原始物质和能量的生产性土地的面积上，并量化自然所能提供的生产性土地面积，比较资源环境承载力的需求和供给是否平衡（Bicknell et al.，1998；郭秀锐等，2003）。资源环境承载力需求以生态足迹来量化，而资源环境承载力的供给用标准化的某类生物生产面积来量化（戴科伟等，2006；胡小飞等，2006；刘东等，2012）	在生态足迹计算中，生物生产性土地主要考虑如下 6 种类型：化石燃料土地、可耕地、林地、草地、建筑用地和水域（Rees et al.，1992；郭秀锐等，2003）
状态空间法	一种利用欧氏几何空间系统状态进行定量描述的方法（顾康康，2012）	一般由能够表示系统各要素状态微量的三维状态空间轴组成（毛汉英和余丹林，2001）。利用状态空间中的承载力的状态点，可研究在特定时间尺度内的资源环境承载力状况（顾康康，2012）。所有状态空间中由不同资源环境组合形成的区域承载力点构成了区域承载力曲面，高于该曲面的点表明该选定资源环境组合的能力已经被人类的经济社会活动超出，而低于该曲面的点代表某一特定资源环境组合下，人类的经济社会活动未超出其承载力（顾康康，2012）	应用状态空间法可以定量地描述和测度区域承载力及其承载态。近年来，状态空间法逐步推广并成功地运用到军事、生物医学、社会经济及人类生活等诸多领域，并且有广阔的发展前景（贺廉云和孟俊焕，2005）
资源与需求的差量方法	研究地区现有的各种资源量与当前对各种资源的需求量之间的差量关系，以及现有的生态环境质量与所需求的生态环境质量之间的差量关系（顾康康，2012；王中根和夏军，1999）	如果差值小于 0，说明研究区域的资源环境承载力超载；差值等于 0，表明该区域的资源环境承载力处于超载与未超载的临界状态；如果差值大于 0，表明研究区域的资源环境承载力并未超载（孙烨，2012）。此方法将资源环境承载力的指标体系分为两大类，即社会经济系统类和生态环境系统类，GDP 的计算可以用工业、农业和第三产业的产值替代，资源类指标的计算及预测可以由社会经济发展计划来确定，环境质量可以利用生态环境质量评价指标体系计量方法来测定（顾康康，2012）	该方法多适用于流域资源环境承载力的预测和分析（韩新生等，2016）

续表

方法	定义	评估思路	适用范围
基于生态系统服务的评估方法	某个区域生态系统的结构、过程及其空间格局决定的生态系统服务所能支撑的具有一定发展水平的人口和经济规模（曹智等，2015）	把生态系统服务看成是生态系统提供给人类生存和发展的限制性资源，ESECC 以生态系统服务为资源环境承载力的限制因素，以人口数量和经济规模为增长变量，按照“生态系统—生态系统服务—人口和经济（承载力）”的主线研究资源环境承载力（曹智等，2015）	该方法多用于森林、耕地和水域生态系统（焦雯珺等，2015；焦雯珺等，2014）

生态足迹法（ecological footprint analysis）、资源与需求的差量方法（difference analysis between supply and demand）和基于生态系统服务的评估方法（assessment methods based ecosystem services）在本质上都是量化生态承载力的供给与需求之间的平衡关系的方法，能够很好地量化生态承载力的供给量和需求量。目前最为广泛应用于区域的生态承载力评估领域的方法是生态足迹法和资源与需求的差量方法。例如，王中根和夏军（1999）结合完整的指标体系，依据资源与需求的差量度量评价方法，对西北干旱区生态环境比较恶劣的河流 S 流域进行了生态承载力评价分析，并对区域生态承载力进行了有效的分析和预测。郭秀锐等（2003）利用广州的统计年鉴和 GIS 数据，对广州市的生物量和能源消费的供给和需求进行了评估。胡小飞等（2006）利用市统计年鉴和林业年鉴，对延边林区的森林资源的人均生态足迹和人均生态承载力进行了 5 年动态分析。杨艳等（2011）利用 30 年统计年鉴资料对内蒙古锡林郭勒盟的生态足迹进行了动态分析，并探讨了导致生态足迹动态变化的主要因素。刘东等（2012）利用各省市统计年鉴和 GIS 数据，以县级为单元分析并总结了 2007 年全国的生态承载力供需平衡总体状况和空间分布特征。曹智等（2015）从生态系统服务的角度提出基于生态系统服务的生态承载力，按照“生态系统—生态系统服务—人口和经济（承载力）”的主线研究生态承载力。在该模型中，曹智等（2015）对食物供给、生物原材料供给、薪柴供给、水资源供给、污水净化、废气吸收、固废容纳 7 种直接消耗性服务进行了生态承载力的评估。

状态空间法（state-space techniques）难以定量生态承载力的供给量和需求量，但能较为准确地判断区域某一时间承载力是否超载，能够对区域的生态承载力状况作出预测，因而对区域的可持续发展规划具有重要的指导意义。毛汉英和余丹林（2001）利用环渤海地区 3 省 2 市及渤海沿岸 13 个地市 1994～1998 年时段的系统数据，采用定量方法研究该区的资源环境综合承载力，并对其今后变化的趋势进行了预测。杨志峰和隋欣（2005）以黄河流域青海片为研究区域，建立了适合该区域的基于生态系统健康的生态承载力评价指标体系、权重和评价标准，并对青海片内水电梯级建设对生态承载力的影响进行了深入分析。熊建新等（2012）

从生态弹性力、资源环境承载力及社会经济协调力三个方面构建洞庭湖区生态承载力评价体系，对洞庭湖区2001年、2005年和2010年三个时相的生态承载力进行了定量评价。

生态足迹法和资源与需求的差量方法的评估思路类似，因而具有相似的优势和劣势。这两种方法都具有完善的理论背景和较强的可操作性。然而，模型均无法体现承载力的可变性，且无法表明资源、环境及经济活动和生活质量对承载力的影响，因此，模型是静态的，无法对未来的发展趋势进行预测。基于生态系统服务的评估方法包含了生态系统的服务功能（即生态系统的“软实力”），符合时代发展的需求。然而，基于生态系统服务的评估方法把生态系统和人类活动看成“黑箱”，没有考虑各种生态系统服务之间的关系和生态系统服务供给与消耗的边际效应；此外，基于生态系统服务的评估方法评估模型仅从生态系统服务供给与消耗的数量进行评估，没有考虑生态系统服务供给与消耗的空间位置及其空间可达性。状态空间法能够对区域的生态承载力发展状况进行预测，对制定区域的可持续发展规划具有重要的意义。然而，该方法需要大量的资料为基础，在构建承载力曲面方面较为不易，定量计算相对困难（孙烨，2012）。

2）基于产品周期的评估方法

产品周期评价（product life cycle analysis）是基于能量、物质流评价生态承载力的方法之一，产品、生产及活动过程中存在能量消耗和物质流动，对限定对象能量和物质的输入、流动和输出进行计算，可以评估该系统对资源的消耗是否可持续。产品周期评价包括能值理论（emergy analysis）、生命周期理论（life cycle assessment，LCA）和物质流分析（material flow analysis，MFA）（顾康康，2012）。基于产品周期的评估方法的定义、评估思路和适用范围详见表3-2。

表3-2　基于产品周期的评估方法的定义、评估思路和适用范围

方法	定义	评估思路	适用范围
能值分析	产品或劳务的能值就是形成过程中投入的有效能量，将能量转化为能值进行系统分析（Odum and Odum，1987）	将生态系统中不同种类、不可比较的能量和物质流转换为太阳能值这同一种能量类别单位，计算出一系列能值综合指标，用于定量分析系统的结构、功能和生态经济效益（蓝盛芳等，2000）	打破了不同质的资源价值无法量化计算的局限，为许多自然资源的定量评估提供了有效途径，有利于比较不同产品、过程和活动的总能耗（Doherty et al., 1992）
生命周期评价	对产品、生产工艺及活动对环境的压力进行评价的客观过程［1990年环境毒理学与化学学会（SETAC）］	评估能辨识和量化的能量、物质利用及废物排放对环境的影响，寻求改善这种影响的机会并加以利用，总体框架包括目标和范围的定义、清单分析、影响评价和结果解析4个有机联系的部分	评估生态系统对污染废弃物的环境负载能力，在实践上发展很快，主要应用于产业生态学（王如松，2000）

能值分析（emergy analysis）是通过将生态系统中不同种类、不可比较的能量

和物质流转换为太阳能值这同一种能量类别单位，计算出一系列能值综合指标，用于定量分析系统的结构、功能和生态经济效益（蓝盛芳等，2002），目前广泛应用于城市或区域发展可持续性评价。例如，李双成等（2001）以能值分析作为理论支撑，建立在输出、输入及反馈能值流间运算基础之上，提出基于能值分析的区域可持续发展度量方法和评价指数体系，强调经济快速发展下的资源过度消耗和环境恶化，评价了中国经济 20 年来的可持续发展水平指数，对其变化趋势进行了简要分析。孙摇等（2014）基于能值分析构建了包括能值流量、能值来源指标、社会亚系统评价指标、经济亚系统评价指标、自然亚系统评价指标和综合指数等的辽宁省生态经济系统评价体系，全面评估了 2000～2010 年辽宁省生态经济系统的发展趋势及可持续性。卢杭辉等（2015）将能值分析与生态足迹结合，提出了基于能值分析理论的生态足迹计算的改进模型，运用能值足迹模型对舟山市 1985～2011 年的生态足迹进行计算，得出舟山地区的生态足迹和生态承载力。

产品在整个生命周期过程中，即原材料的采集、加工、生产、包装、运输、消费、回收利用及最终处理等，会发生资源消耗尤其是能源消耗，生命周期评价（life cycle assessment，LCA）就是对这种消耗及其对环境影响的分析与评价。其基本过程是通过对能量和物质利用，以及由此造成的环境废物排放的信息收集，评估能辨识和量化的能量、物质利用及废物排放对环境的影响，寻求改善这种影响的机会并加以利用。比如，欧盟于 1996 年起组织 5 个国家、7 个科研院开展了工业生产的生态持续能力研究，以意大利熊猫汽车和中国夏利汽车为例开展工业产品的生命周期评价。生命周期评价以新角度帮助人们认识电子工业，以硅代谢在生产过程中巨大损耗、在加工过程中对大量试剂的要求来看，电子工业不但不是清洁产业，其全行业的污染其实非常严重（王如松，2003）。生命周期评价目前主要应用于产业生态学，也可能扩展后应用于其他系统评价，如李晓燕等（2008）提出将基于生命周期评价的城市生态交通规划作为城市生态交通规划的发展最高阶段，以城市交通系统从提取原材料到以残余物形式返回环境整个过程中对环境的影响总量，评价交通对环境的影响。

能值分析方法打破了不同质的资源价值无法量化计算的局限，为许多自然资源的定量评估提供了有效途径，有利于比较不同产品、过程和活动的总能耗（Doherty et al., 1992），解决了区域可持续发展评价中的一些问题，但仍存在很多不足。由于选择路径会影响太阳能值和太阳能值转换率，自然产品和服务的转换率是相对稳定的，但工业产品和服务的转换率常常随使用的原材料、生产方式和途径等变化（Bakshi，2000），此时使用单一转换率不准确（李双成等，2001）。能值可用于比较不同时期系统可持续程度，但难以提出系统可持续性的阈值，这是能值分析面临的最大挑战（Haberl et al., 2004）；且能值分析不能区分本地资源可再生和非可再生资源流的问题（冯霄等，2005）。生命周期评价是评价生态承载力的有效方法，可以评估生态系统对污染废弃物的环境负载能力，在实践上发展很快，其中生命周期设计（LCD）、生命周期工程（LCE）、为环境而设计（DfE）、为拆解再生而设计（DfD）、为再循环而设计（DfR）等一系列设计理念和方法成为产业生态学的新方法（王如松，2000），被国际标准化组织（ISO）规定为ISO14000认证的基本方法。该方法的不足之处在于不能评价生态承载力中对人口和经济负载（顾康康，2012），并且有关产品生态设计的理论尚不完善，国内对产品周期评价通常针对某一阶段或某些材料，缺乏全面的研究（李小冬等，2005）。

3）基于数学模型的评估方法

随着承载力研究的日趋深入，以及大数据时代的来临，在计算机强度的运算能力支持下，各种数学模型进入该领域，故而产生了一系列基于数学模型的评估方法（assessment methods based on mathematical model）。线性规划模型（linear programming model）、系统动力学模型（system dynamics model）、自然植被（natural vegetation）净第一性生产力估测模型（net primary productivity model）、模糊目标规划模型（fuzzy goal programming model）、门槛分析模型（threshold analysis model）、层次分析模型（analytical hierarchy process）等被广泛运用（高鹭和张宏业，2007）。应用数学模型模拟估测承载力极大地提高了承载力研究的定量化水平和精确程度，促使承载力研究的综合与深入（Forrester and Peter, 1980）。基于数学模型的评估方法的具体分类、定义、评估思路、适用范围详见表3-3。

表3-3　基于数学模型的评估方法的定义、评估思路、适用范围

模型	定义	评估思路	适用范围
线性规划模型	用线性规划的方法得到各种外界限制条件下的最优资源环境承载力	通过设定变量，确定目标函数，找出各参数的约束条件，利用线性规划求出最优解	很好地解决有较多约束条件下资源环境承载力的问题，对于非线性的系统适用性较差
系统动力学模型	以反馈控制理论为基础，以计算机仿真技术为手段，通常用以研究复杂的社会经济系统的定量方法	通过分析系统内的因果反馈关系及众多因素对系统目标的影响，从中选出影响系统发展的主要因子，然后预测不同策略可能对资源、环境、生态构成的影响	最适用于分析研究信息反馈系统的结构、功能与行为之间的辩证统一关系，能清晰地反映人口资源、环境和发展之间的关系。大多应用于中短期的模拟预测研究
自然植被净第一性生产力估测模型	利用自然植被净第一生产力进行资源环境承载力评估的方法	植被净第一性生产力是植物自身生物学特性与外界环境因子相互作用的结果，利用其作为评价资源环境承载力的指标	该方法从生物生产力角度研究资源环境承载力，能很好地反映自然生态系统资源环境承载力的变化，不能反映环境质量的变化及人类各种社会经济活动对资源环境承载力产生的影响，因此，不适合城市生态系统资源环境承载力的评价

（1）线性规划模型。线性规划模型是线性统计模型的简称，指具有线性结构

的模型，反映自变量与因变量之间的线性关系。线性模型的理想目标由决策者的希望或愿望确定，现实目标或约束条件可由有限的资源和其他加在决策变量选择上明显的或隐含的约束确定。线性规划法既可用于单目标规划，也可用于多目标问题求解最优折中解。线性规划模型的解具有重要意义，它代表问题的最佳决策和活动的最佳策略。用线性规划法进行生态承载力的研究，可以动态地反映一个区域生态承载力的状况（戴晓辉，1996）。

线性规划模型一般由三个要素组成：①变量，或称决策变量，是问题中要确定的未知量，它用以表明规划中的用数量表示的方案、措施，可由决策者决定和控制；②目标函数，它是决策变量的函数，按优化目标分别在这个函数前加上 max 或 min；③约束条件，指决策变量取值时受到的各种资源条件的限制，通常表达为含决策变量的等式或不等式（康永辉和王宝红，2010）。

国内一些研究即采用线性规划模型评估生态承载力。凌和良（2008）利用模糊线性规划模型，对江西省 2010 年水资源承载力进行数值计算。杨林泉和郭山（2003）基于模糊线性规划测度模型对云南云龙雪山进行旅游环境承载力实证分析。戴晓辉（1996）用多目标线性规划模型对乌鲁木齐河的水资源优化调度进行了研究。

（2）系统动力学模型。系统动力学是指基于计算机仿真研究反馈系统动态行为的理论和方法，可以实现对各种复杂动态系统行为的模拟。系统动力学方法是麻省理工学院 Jay. W. Forrester 教授于 1956 年创立的，是一种集系统论、控制论和计算机仿真技术为一体的研究复杂系统动态发展行为的有效方法，其优势在于可处理高阶次、非线性、多重反馈、复杂时变的系统问题（Forrester and Peter，1980）。系统动力学的研究目的是通过分析系统内的因果反馈关系及众多因素对系统目标的影响，从中选出影响系统发展的主要因子，然后预测不同策略可能对资源、环境、生态构成的影响，最终为决策者提供科学的决策依据（许联芳等，2006）。

建立系统动力学仿真模型，一般包括以下程序：①划定系统边界；②划分系统层次；③确立指标体系；④建立仿真模型；⑤模型分析检验。具体步骤包括：①结构分析与绘制因果关系图；②建立系统流程图；③建立方程与参数确定；④完善模型（高鹭和张宏业，2007）。

目前对承载力进行研究时多采用系统动力学方法。例如，马忠强和汪林（2013）依据大连市统计年鉴数据，运用系统动力学原理预测 2015～2020 年大连城市化实施过程中的生态承载力。佘思敏和胡雨村（2013）以 2010 年为基准年模拟了中新天津生态城 2010～2020 年水资源承载力。拓学森等（2006）运用系统动力学方法模拟了民勤县 2005～2025 年水土资源承载力的变化趋势，并根据模拟结果提出了提高民勤县水土资源承载力的对策。

（3）自然植被净第一性生产力估测模型。自然植被净第一性生产力是指自然植被的所有绿色植物在单位时间和单位面积上所能积累的有机干物质，包括植物的枝、叶和根等生产量及植物枯落部分的数量。该指标反映了某一自然体系的恢复能力。特定区域的净第一性生产力是可以测定的，并且在一个固定的中心位置上下波动。将偏离中心位置的程度作为生态承载力的阈值，进而确定某一特定区域的开发强度和类型（邓波等，2003）。

自然植被净第一性生产力的研究在国外历史悠久，Lieth 等在 1975 年首先开始对植被净第一性生产力的模型进行研究，此外，Ulittaker、Uchijima 等也对植被净第一性生产力进行了研究，建立了一些模型。以模型的难易程度、对各种调控因子的侧重及对净第一性生产力调控机理解释的不同为依据，将其分为 3 类：气候统计模型、过程模型和光能利用率模型。我国的净第一性生产力研究起步较晚，在研究过程中一般采用气候统计模型（许联芳等，2006）。

利用自然植被净第一性生产力进行生态承载力估测的实例如下：李金海等分析了大陆典型生态系统净第一性生产力的背景值，研究了确定自然系统最优生态承载力的依据，并提出了提高区域生态承载力、实现区域可持续发展的基本对策，并据此计算了河北丰宁县的生态承载力（李金海，2001）；王家骥等根据水热平衡联系方程及植物的生理生态特点建立了自然植被的净第一性生产力模型，并对黑河流域自然植被净第一性生产力进行估算（王家骥等，2000）。

线性规划模型、系统动力学模型和自然植被净第一性生产力估测模型各有所长。线性规划模型的优势在于很好地解决了有较多约束条件下资源环境承载力的研究。但其缺点也比较突出，由于实际的系统并不是线性系统，真正的线性系统是不存在的，线性规划模型是对实际问题的一种近似（卢聪景和石晓枫，2008），因为建议运用线性规划得出的解最好要经过模拟的检验。系统动力学方法能清晰地反映人口、资源、环境和发展之间的关系，最适用于分析研究信息反馈系统的结构、功能与行为之间动态的辩证统一的关系（尚金城等，2001）。但是，这一方法需要较完备的资料才可得出可靠结论，需要有较好的数学基础。同时，应用系统动力学模型进行长期发展情况模拟时，由于参变量不好掌握，有时易导致不合理的结论（顾康康，2012）。因此，系统动力学模型大多应用于中短期发展情况的模拟。植被净第一性生产力是植物自身生物学特性与外界环境因子相互作用的结果，它是评价生态系统结构与功能特征和生物圈人口承载力的重要指标（高鹭和张宏业，2007）。作为表征植物活动的关键变量，自然植被净第一性生产力是陆地生态系统中物质与能量运转研究的重要环节。它的研究将为合理开发、利用自然资源及对全球变化产生的影响采取相应的策略和途径提供科学依据（向芸芸和蒙吉军，2012）。但是，该方法从生物生产力角度研究资源环境承载力，不能反映环境质量的变化及人类各种社会经济活动对资源环境承载力产生的影响，因此，不适合城市生态系统资源环境承载力的评价（顾康康，2012）。而且由于其调控模型较少，研究范围也较窄，所以对区域资源环境承载力研究会产生较大误差（张莹等，2016）。

3.2.2　资源环境承载力评估的特点与发展趋势

1. 资源环境承载力评估的特点

在如今生态文明并入中国特色社会主义“五位一体”总体布局的前提下，资源环境承载力研究是生态文明建设的重要一环。公众对于生存环境资源承载力的关注和重视已达到前所未有的高度（顾康康，2012）。资源环境承载力评估预警是可持续发展的必然需求。因此，资源环境承载力评估具有政治性、政策性和极高的战略地位。就资源环境承载力评估研究本身而言，其具有以下三大特点。

1）具有综合性和交叉性

资源环境承载力评估涉及生态、环境、地理、经济、数学等多学科交叉（高鹭和张宏业，2007），需要多领域专家人才共同合作，也需要复合型人才。同时，生态环境和生态文明建设与我国政治、经济、社会、文化建设密切相关，社会各职能部门都应重视，为资源环境承载力研究和评估提供必要支持。

2）具有空间和时间尺度效应

资源环境承载力评估是针对特定区域、特定时间，那么从空间上看，大尺度与小尺度研究，可能用的评估方法不一样，同样的空间尺度，不同区域，其资源环境承载力也不尽相同（郭建军，2014），研究者在实际操作时可根据需要自行选择评估方法；从时间上看，资源环境承载力处于不断变化的过程中（岳东霞等，2010）。我们任何时间评估得到的资源环境承载力都不能作为永远的参考，需要隔一定的时间重新评估，以获得准确的资源环境承载力计量。

3）具有复杂性，需要不断探索

不同的研究对象，如流域、森林、城市等，由于其自身特点，对资源环境承载力评估的要求是不同的。资源环境承载力评估方法大量涌现，为我们选择提供了多种可能，但每种方法有其优势和合理性的同时，也有或多或少的弊端。归根结底还是资源环境承载力评估是个复杂的工程，并不简单，并没有形成足够成熟的体系（顾康康，2012），因此需要我们不断探索。

2. 资源环境承载力评估的发展趋势

尽管目前关于资源环境承载力研究尚未形成公认的理论方法体系，但对其所涵盖的范围还是具有一定的共同点，即应该能够表现自然资源、环境与生态相关因素的各种要素特点，能够反映资源环境同人类经济、社会活动间的适应程度（董文等，2011）。随着区域综合规划的发展，越来越多的研究开始将人口、资源、环境和经济社会发展等因素统筹考虑，进行资源环境承载力的综合评价。通过对资源环境承载力的判断来实现区域资源的优化配置，成为解决区域发展现状和发展要求之间矛盾的主要思路之一。资源环境承载力评估未来发展具有以下几大趋势。

（1）从定性到定性与定量相结合。国内外学者们在多年对资源环境承载力研究的过程中，已由最初的综合阐述承载力、生态环境、可持续发展、自然资源等概念和相互联系的定性分析基础上，逐步发展成定性与定量相结合的模式。新方法、新技术手段将应用于资源环境承载力研究。在计量分析手段上，除了系统动力学（SD）外，多因子分析、投入—产出分析、资金劳动力生产函数、人口迁移矩阵及马尔可夫过程都将成为主力军。现代技术如遥感（RS）、地理信息系统（GIS）等必将应用到承载力的研究领域中。遥感手段可以提供快速、准确的信息，地理信息系统可以对承载力进行空间分析，因此，成熟的模型分析和遥感、地理信息系统技术相结合的分析方法及各种模型相结合的研究方法将为承载力的研究提供更准确、更深入、更全面的定量研究结果（高鹭和张宏业，2007）。

（2）从单一到综合。以单要素承载力研究已很难适应生态系统资源开发与发展的要求，以系统的观点，从综合多要素角度研究资源环境承载力是今后资源环境承载力研究的方向和趋势。而且随着资源环境承载力研究的深入，生态系统资源之间的相互广义替代性研究将越来越受到重视。这就客观上要求加强交叉综合研究。因此，资源环境承载力必将从单学科、单因子研究趋向多学科合作，开展人口、资源、环境、发展多因素、多层次的交叉综合研究（许联芳，2006）。

（3）从静态到动态。不难发现，对于某一国家或地区的资源环境承载力的评价，从早期的基于切面数据（静态）逐步发展成为基于时间序列、系统动力学等动态分析预测模型和方法，增强了分析的动态性和系统性（李华姣和安海忠，2013）。

3.3 资源环境承载力预警的国内外研究进展

资源环境承载力预警是对承载力危机与危险状态的提前警报或警告，是围绕一特定目标展开的一整套监测和评价的理论及方法体系，主要包括评价因子的选择和指标体系的建立、指标赋权、预警评价、预警管理系统的建立等几个关键方面的内容（国土资源部资源环境承载力评价重点实验室，2014）。下面就这几个关键方面相关技术的研究状况进行简单的评述。

1. 评价因子的选择和指标体系的建立

预警评价因子的选择和指标体系的建立是客观准确地评价预警的基础。基于评价指标选取的来源和评价方法的一致性，目前生态环境评价预警指标体系的建立主要有以下几类模式：基于“自然—社会—经济”人工复合生态系统理论、基于经济合作与开发组织（OECD）和联合国环境规划署（UNEP）共同提出的“压力（pressure）—状态（situation）—响应（response）”（PSR）指标体系模式、基于生态系统自身特征的指标体系（张江书等，2007）。但由于指标体系的建立涉及生态、经济、社会各个方面，且需要对评价系统有足够的认识，不同生态系统、不同尺度的生态安全分析应具有不同的指标要素，因此，指标体系的建立十分复杂，目前尚未有较完善并被普遍采纳的资源环境承载力预警指标体系(陈俊等，2011)。

2. 指标权重的确定

指标权重是对每个指标在整个指标体系中的相对重要性的数量表示（马海娟和高广阔，2011)。权重确定合理与否对综合评价结果和评价质量将产生决定性影响。当前指标权重的确定方法主要有主观赋权法和客观赋权法。主观赋权法多采用专家咨询评分的定性方法，这类方法受主观影响较大，主要有德尔菲法、层次分析法等（杨贝贝等，2016)；客观赋权法是根据各指标间的相互关系或各项指标值的变异程度来确定权重，避免了人为影响偏差，灵活性较弱，主要有主成分分析法、神经网络法、因子分析法等（李晓倩，2012)。科学地确定指标权重在预警评价中十分重要，然而城市生态系统的复杂性和指标数据的难获得性，使得指标权重的确定往往存在不合理性和不适用性，有待不断深入研究（胡习英等，2006)。

3. 预警评价方法

承载力预警评价方法研究是目前研究的热点，呈现出多学科交融的特点（蒋惠园和黄永燊，2015)。目前主要的预警评价方法有：层次分析法、模糊综合评判法、灰色关联度法、主成分分析法等（刘朝亮，2013；游桂芝和鲍大忠，2008)。

层次分析法是目前环境预警评价最常用的方法。该法适用于求解递阶多层次结构问题，是一种定性与定量相结合的评价方法（刘朝亮，2013)。

模糊综合评判法是利用模糊隶属度理论对系统进行分析的综合化程度较高的评判方法，侧重考虑生态环境系统内部关系的复杂性和模糊性。该法也是一种定性与定量相结合的方法（杨浩等，2016)。

灰色关联度法是将杂乱的数据列进行整理，将空缺的数据通过计算机加以补充，用整理过的数据列建立模型进行评价和预测的方法。该方法是一种可以在基础数据不全的情况下进行预警的方法，但其可靠性还需验证（游桂芝和鲍大忠，2008)。

主成分分析法是处理多变量数据的一种数学方法，通过恰当的数学变换，使新变量——主成分成为原变量的线性组合，并选取少数在变差信息量中比例较大的主成分来分析评价事物状况的方法。主成分分析法是在影响因素过于繁杂时常用的方法，可简化过程，但评价不够全面，且需要有较全的历年环境数据作保证（刘臣辉等，2011）。

BP 神经网络方法本身是一种大规模并行的非线性系统，运用该法指标权值可自动适应调整并可根据不同需要选取随意多个评价参数建模，具有很强的自适应、自组织、高效并行处理能力。神经网络法为资源环境承载力预警提供了一条新的科学途径，但方法还不成熟（柯福阳和李亚云，2014）。

除了上述常用的诊断预警方法外，还有一些其他的预警方法，如情景分析法、系统动力学预警方法等（云雅如等，2012）。虽然随着对资源环境承载力预警研究的深入，预警评价方法不断涌现，但每种方法都有其各自的缺点和不足，有待以后的研究不断完善。

4. 主要问题与不足

随着研究的不断深入，预警理论、方法和技术都取得了不小的进展，但由于生态系统本身的复杂性，研究成果尚存一些不成熟和不完善的地方。主要问题与不足包括以下几个方面。

（1）资源环境承载力预警理论尚不完善，现有的理论方法往往只针对某一领域或特定尺度，未出现可普遍推广的理论体系（杨渺，2017）。

（2）评价指标体系数量多，但都各有缺陷和不足，尤其是指标权重的确定还有一定的随意性，没有出现普遍认可的预警指标体系（王佩，2015）。

（3）警戒线的界定较为随意，没有统一的确定警度标准的科学方法（国土资源部资源环境承载力评价重点实验室，2014）。

（4）评价预警模型多而混乱，预警精度较弱，尤其对于资源环境承载力动态变化的预测预警还很薄弱（车秀珍等，2015）。

（5）尚无完整的、操作性强的预警管理体系出现。监测预警系统的构建和预警管理机制的建立是承载力预警实现的最终保证，然而，由于技术、资金等原因，切实可行的管理体系始终难以建立，使承载力预警难以真正付诸实践（高娃，2006；韩继红等，2014）。

总的来说，资源环境承载力预警研究较为薄弱，尚未形成完备的理论和实践体系，缺乏能够及时反映资源环境承载力动态和警示信息的指标体系及预警模型（车秀珍等，2015）。另外，资源环境承载力研究成果的实际应用略显不足，具体表现在以资源环境承载力为依据，合理调整产业结构和生产力布局、科学制定社会经济发展目标、协调人类发展与环境关系的实际应用方面还有欠缺（吴殿龙，2007）。今后还需在预警理论体系、方法技术及管理机制等方面进一步深入研究和完善，以提高预测预警的准确率和精度，为资源环境管理和规划决策提供更好的科学支持（杨渺，2017）。

3.4　资源环境承载力评估与预警体系编制的原则

资源环境承载力评估与预警体系编制遵循以下 5 个原则。

1）科学性原则

指标体系的构建应根据区域的实际情况，能科学、客观地反映资源环境系统的特征，所建指标要和资源环境系统保持高度的动态一致性。

2）系统性原则

按照一定的标准将资源环境系统分成不同层级、不同类别的亚系统，注意各层次之间的相互关系，保持系统的完整性。

3）实用性原则

指标体系的构建应明确有关数据信息的可收集性和统计量化的难易水平，不仅要保证各具体指标能充分体现该系统的内涵及操作原理，还应最大限度地利用现存的统计数据或可以直接从相关部门收集的信息材料。简言之，指标要具有实用性和可操作性，易于统计分析。

4）代表性原则

资源环境系统具有众多的组成因子，且因子之间存在复杂的相互联系，因而选用的指标体系应具有代表性，能反映资源环境系统的本质特征和属性，形成简单实用的指标体系。

5）动态性与稳定性相结合的原则

为满足对资源环境承载力的动态监测需求，所选取的监测指标必须能较好地描述和体现环境系统现在的状态及未来演变的趋势。

3.5　资源环境承载力评估与预警体系编制思路与技术路线

3.5.1　编制思路

区域资源环境承载力评估与预警体系编制，是以生态学原理和可持续发展原理为基础，运用多种技术方法，确定承载力评价指标，以此构建预警指标体系，评估区域综合资源环境承载力警度。承载力评价指标建立需要综合运用多种手段，包括遥感分析、野外生态学调研、相关文献资料查阅及新闻报道、政策文件参考等技术方法，同时借鉴传统资源环境承载力研究，结合长期的应用经验和教训，综合考虑社会经济因素影响，开展区域资源环境承载力评估与预警体系编制。

3.5.2 技术路线

资源环境承载力评估与预警体系技术路线如图 3-1 所示。

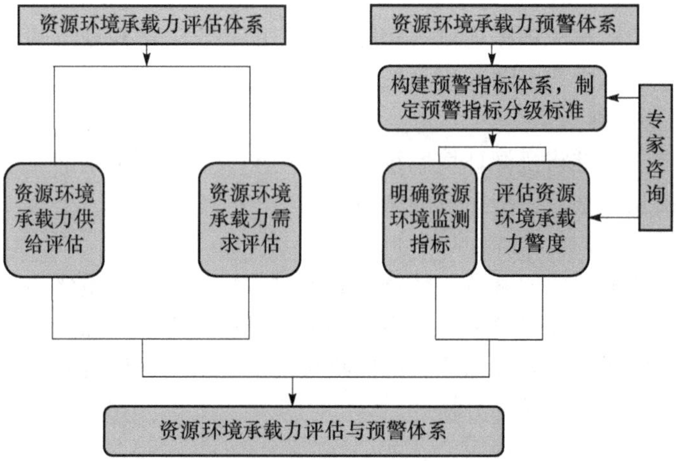

图 3-1　资源环境承载力评估与预警体系技术路线

资源环境承载力评估与预警体系由“评估”和“预警”两部分构成，评估是预警的基础和前提，预警是评估的目标和应用途径，前者关注当下，后者瞩目未来。“评估体系”又可分为“供给”和“需求”两个方面，而这两者的平衡正是维系资源环境可持续性的关键。那么，如何判断失衡了呢？预警，是一种确定系统某种状态偏离预警线的状态并发出预警信号的过程，为此在原有的供给能力和需求水平上划出不同的参考线来表征失衡的程度，或严重或轻微。“预警体系”的首要工作便是制定出科学合理的预警指标分级标准，这里采用了专家咨询的方法，具体包括专家会议、智能专家系统等，进而结合地方实情为各分类的综合指标层设立相宜的警度。专家会议法是指据规定的原则选定一定数量的专家，按照一定的方式组织专家会议，发挥专家集体的智能结构效应，对预测对象未来的发展趋势及状况判断的方法。智能专家系统是一类具有专门知识和经验的计算机智能程序系统，通过对人类专家的问题求解能力的建模，采用人工智能中的知识表示和知识推理技术来模拟通常由专家才能解决的复杂问题，达到具有与专家同等解决问题能力的水平。这种基于知识的系统设计方法是以知识库和推理机为中心而展开的，即专家系统=知识库+推理机。

理论上而言，预警体系将根据供需关系而发生改变，从决策上来看，预警本身又会对供需产生控制和调节，因此“评估”和“预警”两部分关联紧密，不可执一而论。

3.6 资源环境承载力评估与预警体系编制内容与编制方法

3.6.1 编制内容

资源环境承载力评估与预警体系包括以下三部分内容。

1. 区域资源环境现状分析

结合已有数据资料，对区域的资源环境（如森林、水体、土地利用等）现状进行分析，分析目前区域的资源环境面临的问题。

2. 区域资源环境承载力评估体系构建

通过资源账户的建立，计算出区域的资源环境承载力的需求量和自然供给量，构建区域资源环境承载力的评估体系。

3. 区域资源环境承载力预警体系构建

在资源环境承载力评估体系的基础上，建立预警的指标和安全标准的对照值，对超出安全标准的指标进行预警。

3.6.2 编制方法

1. 数据获取

数据获取途径与自然资源资产负债体系构建相同。

2. 区域资源环境承载力评估体系构建

在区域资源环境现状的基础上，筛选具有代表性和易获取的指标，建立区域的 10 大类资源环境承载力（生物资源、土地资源、能源资源、水资源、生态环境、大气环境、水环境、声环境、固体废弃物环境和交通环境）评估指标体系。

借鉴生态足迹法和资源与需求的差量方法对各项资源环境承载力指标进行定量计算（具体方法详见表 3-1）。通过查找大量相关国际、国家和城市制定的指标标准，确定各项指标的标准值，作为承载力供给或需求的标准值。通过资源环

境指标的承载度表征该资源环境当前开发利用是否超载。计算公式为:

承载度=承载力供给/承载力需求

3. 区域资源环境承载力预警体系构建

根据资源环境要素的重要性，通过专家打分的方式，对要素进行权重分配，作为单项资源环境要素加权求和得到区域的综合承载度的基础。通过承载度区间划分的方式建立单项资源环境承载力和综合资源承载力的警度分级标准。

3.7 资源环境承载力评估与预警体系编制

3.7.1 资源环境承载力评估指标体系编制

资源环境承载力指标体系包含“承载体”和“承载对象”。“承载体”即多个方面的资源和环境要素，包括生物资源、土地资源、能源资源、水资源、空气环境、绿化环境、水环境和交通环境等自然资源环境。“承载对象”是“承载体”所能支撑的社会经济综合发展规模和限度。根据数据的重要性和可获得性，我们建立了资源环境承载力评价指标体系，见表 3-4。

表 3-4　资源环境承载力评估指标体系

要素层	指标层	
生物资源	林木资源承载度	
	农牧资源承载度	
生物资源	水产品承载度	
土地资源	人均建设用地承载度	
	人均居住用地承载度	
	人均耕地承载度	
能源资源	煤矿资源承载度	
	化石燃料资源承载度	
水资源	水资源承载度	
	单位 GDP 水耗	
生态环境	林地资源承载度	
	城市绿地资源承载度	
	生态用地资源承载度	
大气环境	大气环境承载度	污染气体承载度
		悬浮颗粒物承载度
	空气质量承载度	

续表

要素层	指标层	
水环境	河流水环境承载度	COD 承载度
		污染物承载度
	生活生产污水处理承载度	
声环境	声环境承载度	区域环境噪声承载度
		道路交通噪声承载度
		住宅环境噪声承载度
固废环境	工业固废处置利用承载度	
	生活垃圾无害化处理承载度	
	危险废物处置承载度	
	医疗固体废弃物处理承载度	
交通环境	道路网承载度	
	公共交通承载度	

3.7.2　资源环境承载力预警体系编制

1. 预警指标体系编制

在指标体系的基础上，将各类资源环境要素分为三个等级：第一等级是居民赖以生存的基本资源，包括土地资源和水体资源；第二等级是与居民生活质量密切相关的一些环境要素，包括水环境、大气环境和固废环境；第三等级是其他会影响居民生活质量的资源和环境要素，包括生物资源、能源资源、生态环境、声环境和交通环境。根据等级，给各项指标赋予响应的权重。由于不同的地区，其实际需要评估的资源环境类型略有差别，权重分配需经由专家咨询和有关职能部门研讨确定。预警指标体系示例如表 3-5 所示。

表 3-5　资源环境承载力预警指标体系

分级	要素层	指标层		权重
第一级	土地资源	人均建设用地承载度		
		人均居住用地承载度		
		人均耕地承载度		
	水资源	水资源承载度		
		单位 GDP 水耗		
第二级	水环境	河流水环境承载度	COD 承载度	
			污染物承载度	

续表

分级	要素层	指标层		权重
第二级		生活生产污水处理承载度		
	大气环境	大气环境承载度	污染气体承载度	
			悬浮颗粒物承载度	
		空气质量承载度		
	固废环境	工业固废处置利用承载度		
		生活垃圾无害化处理承载度		
		危险废物处置承载度		
		医疗固体废弃物处理承载度		
第三级	生物资源	林木资源承载度		
		农牧资源承载度		
		水产品承载度		
	能源资源	煤矿资源承载度		
		化石燃料资源承载度		
	生态环境	林地资源承载度		
		城市绿地资源承载度		
		生态用地资源承载度		
	声环境	声环境承载度	区域环境噪声承载度	
			道路交通噪声承载度	
			住宅环境噪声承载度	
	交通环境	道路网承载度		
		公共交通承载度		

2. 环境资源承载力警度等级确定

根据等距的区间划分，将承载力警度划分为 5 个等级（表 3-6）。结合单项资源环境承载力评估结果和预警体系的权重，最终可将单项承载度和区域的综合承载度的警度等级确定下来，为后续规划和建设工作提供重要的基础数据。

表 3-6　资源环境承载力警度划分等级

预警指数	警度等级	警度描述	可持续性	安全状况
<0.2	巨警	资源环境承载力供需矛盾特别突出，资源环境严重破坏，生态系统功能丧失，难以恢复，资源环境对区域社会经济发展造成严重限制和阻碍	极不可持续	恶劣
0.2～0.4	重警	资源环境受到明显破坏，生态系统功能发挥面临较大威胁，恢复重建困难较大，资源环境与经济社会关系失衡，对区域协调可持续发展带来明显影响	不可持续	较差
0.4～0.6	中警	资源环境受到较大破坏，生态系统功能发挥受较大影响，恢复重建面临一定困难，资源环境对经济社会的约束较为明显，对区域协调可持续发展带来较大影响	弱可持续	一般

续表

预警指数	警度等级	警度描述	可持续性	安全状况
0.6～0.8	轻警	资源环境受到一定破坏，生态系统功能发挥受一定影响但尚可维持基本运作，生态环境受一定破坏但仍可恢复，资源环境与社会经济的协调发展面临一定威胁	可持续	较好
＞0.8	无警	资源环境基本未受破坏或者受到的破坏较小，生态系统功能较好，生态破坏现象较少或能得到及时控制和预防，资源环境与社会经济发展的关系较为协调	强可持续	优质

主要参考文献

蔡晓明. 2000. 系统生态学[M]. 北京: 科学出版社: 194-200.

曹智. 2014. 基于生态系统服务的区域生态承载力评估与调控——以云南省红河县为例[D]. 北京: 中国科学院大学.

曹智, 闵庆文, 刘某承, 等. 2015. 基于生态系统服务的生态承载力: 概念、内涵与评估模型及应用[J]. 自然资源学报, (1):1-11.

车秀珍, 王越, 袁博. 2015. 深圳建立资源环境承载力监测预警机制探析[J]. 特区经济, (10): 29-30.

陈百明. 2002. 中国农业资源综合生产能力与人口承载力[J]. 中国农业信息快讯, (1): 35.

陈俊, 毕铭悦, 刘启仁. 2011. 浅析我国资源环境审计评价指标体系[J]. 消费导刊, (13): 90-90.

陈新凤. 2006. 山西省大气环境承载力初探[J]. 经济问题, (11): 79-80.

程飞阳, 张咪, 袁宏俊. 2015. 生态文明建设评价模型的构建与预测[J]. 成都工业学院学报, (04): 50-53.

程国栋. 2002. 承载力概念的演变及西北水资源承载力的应用框架[J]. 冰川冻土, 24(4): 361-367.

程继夏. 2004. 城市环境交通容量模型[J]. 长安大学学报(自然科学版), 24(5): 94-98.

褚新东, 宋海龙. 2015. 园区循环化改造路径探析——以浙江省玉环经济开发区为例[J]. 环球市场信息导报, (33): 29-35.

崔凤军. 1998. 城市水环境承载力及其实证研究[J]. 自然资源学报, 13(1): 58-62.

戴科伟, 钱谊, 张益民, 等. 2006. 基于生态足迹的自然保护区生态承载力评估——以鹞落坪国家级自然保护区为例[J]. 华中师范大学学报(自然科学版), 40(3): 462-466.

戴晓辉. 1996. 多目标线性规划在水资源优化调度中的应用研究[J]. 新疆农业大学学报, (1): 39-45.

单胜道, 俞劲炎, 叶晓朋, 等. 2000. 农业用地评估方法研究[J]. 资源科学, 22(1): 45-49.

邓波, 洪绂曾, 龙瑞军. 2003. 区域生态承载力量化方法研究述评[J]. 甘肃农大学报, 38(3): 281-289.

董继元. 2001. 基生生态足迹的县域土地承载力研究——以广西资源县为例[D]. 武汉: 中国地质大学(武汉)
董文, 张新, 池天河. 2011. 我国省级主体功能区划的资源环境承载力指标体系与评价方法[J]. 地球信息科学学报, 13(2): 177-183.
董小伟. 2015. 中国对外贸易中隐含污染物测算与分析[D]. 南京: 南京大学
杜忠潮. 2012. 陕西金丝峡国家森林公园旅游环境承载力探析[J]. 西北林学院学报, 27(5): 282-288.
范丽雅, 余锡刚, 金均. 2013. 浙江省大气环境承载力时空分布特征研究[J]. 环境污染与防治, 35(12): 72-77.
封志明. 2007. 中国未来人口发展的粮食安全与耕地保障[J]. 人口研究, 31(2): 15-29.
冯霄, 闵淑玲, 代玉利, 等. 2005. 多产品工业系统的能值分析[J]. 过程工程学报, 5(3): 317-321.
伏晴艳, 杨冬青, 黄嵘, 等. 2004. 上海市机动车发展的大气环境容量[J]. 环境科学, (S1): 3-8.
高凡, 曹明明, 李苒. 2007. 陕西省可持续发展预警分析[J]. 西北大学学报(自然科学版), 37(5): 847-851.
高吉喜. 1999. 区域可持续发展的生态承载力研究[D]. 北京: 中国科学院地理科学与资源研究所.
高吉喜. 2001. 可持续发展理论探索[M]. 北京: 中国环境科学出版社.
高鹭, 张宏业. 2007. 生态承载力的国内外研究进展[J]. 中国人口、资源与环境, 17(2): 19-26.
高娃. 2006. 草原监测预警体系建立和完善的基本思路[J]. 草原与草业, 18(4): 32-36.
耿华, 李淮安, 原向前. 2002. 试论增强城市绿地资源承载力的有效途径[J]. 河南水利与南水北调, (6): 38-38.
谷清, 汤大钢. 2001. 面源模式反扩散参数研究[J]. 环境科学研究, 14(5): 54-56.
顾海兵. 2000. 构建宏观金融预警系统: 警源与警兆分析[J]. 国家行政学院学报, (1): 41-46.
顾康康. 2012. 生态承载力的概念及其研究方法[J]. 生态环境学报, 21(2): 389-396.
郭建军. 2014. 流域生态承载力空间尺度效应与优化研究[D]. 兰州: 兰州大学.
郭娜, 王伯铎, 崔晨, 等. 2011. 榆林市生态环境承载力评价分析[J]. 中国人口·资源与环境, v.21;No.127(S1): 104-107.
郭微, 陈平, 唐洁, 等. 2012. 基于景观可达性的城市绿地系统承载力估算[J]. 生态学杂志, 31(1): 165-171.
郭秀锐, 毛显强, 冉圣宏. 2000. 国内环境承载力研究进展[J]. 中国人口·资源与环境, (S1): 29-31.
郭秀锐, 杨居荣, 毛显强. 2003. 城市生态足迹计算与分析——以广州为例[J]. 地理研究, 22(5): 654-662.
郭志伟. 2008. 北京市土地资源承载力综合评价研究[J]. 城市发展研究, 15(5): 24-30.
国土资源部资源环境承载力评价重点实验室. 2014. 资源环境承载力评价监测与预警思路设计[J]. 中国国土资源经济, (4): 20-24.
韩继红, 陈鹏, 张改景, 等. 2014. 基于资源环境承载力的生态城区建管模式[J]. 上海城市管理,

(6): 24-27.

韩新生, 蔡进军, 潘占兵, 等. 2016. 生态承载力研究评述[J]. 宁夏农林科技, 57(5): 36-38.

何云玲, 刘雪莲, 杨焰,等. 2017. 县域资源环境承载力评价研究[J]. 生态经济(中文版), 33(1): 124-128.

贺廉云, 孟俊焕. 2005. 利用状态空间法实现对系统的控制[J]. 机械工程与自动化, (6): 12-13.

侯德劭, 晏克非, 成峰. 2008. 城市交通噪声环境承载力分析模型及算法[J]. 计算机工程与应用, 44(18): 215-217.

胡健, 孙金花. 2016. 区域能源安全外生警源形成机理及预警体系构建研究[J]. 中国能源, 38(12): 37-41.

胡习英, 李海华, 陈南祥. 2006. 城市生态环境评价指标体系与评价模型研究[J]. 河南农业大学学报, 40(3): 270-273.

胡小飞, 代力民, 陈伏生, 等. 2006. 基于生态足迹模型的延边林区可持续发展评价[J]. 生态学杂志, 25(2): 129-134.

黄宝香. 2011. 基于 VRGIS 的城市噪声三维分析模型及可视化评价研究[D]. 青岛: 中国海洋大学.

黄柯, 张锦, 祝建军. 2008. 山地型风景区内公路交通环境承载力测度研究[C]. 全国博士生学术论坛.

黄青, 任志远. 2004. 论生态承载力与生态安全[J]. 干旱区资源与环境, 18(2): 11-17.

黄酉红. 2007. 深圳市宝安区绿地系统在生态安全中的承载力分析[D]. 广州: 华南农业大学.

惠泱河, 蒋晓辉, 黄强, 等. 2001. 水资源承载力评价指标体系研究[J]. 水土保持通报, 21(1): 30-34.

贾振邦, 董安生. 1995. 本溪市水环境承载力及指标体系[J]. 环境保护科学, (3): 8-11.

蒋惠园, 黄永燊. 2015. 交通资源环境承载力预警研究[J]. 交通运输系统工程与信息, 15(2): 10-16.

焦雯珺, 闵庆文, 李文华, 等. 2014. 基于生态系统服务的生态足迹模型构建与应用[J]. 资源科学, 36(11): 2392-2400.

焦雯珺, 闵庆文, 李文华, 等. 2015. 基于 ESEF 的水生态承载力: 理论、模型与应用[J]. 应用生态学报, 26(4): 1041-1048.

金云峰, 王小烨. 2014. 绿地资源及评价体系研究与探讨[J]. 城市规划学刊, (1): 106-111.

康永辉, 王宝红. 2010. 线性规划法在水资源系统规划优化配置中的应用[J]. 科学之友, 21: 6-8.

柯福阳, 李亚云. 2014. 基于 BP 神经网络的滑坡地质灾害预测方法[J]. 工程勘察, (08): 55-60.

蓝盛芳, 钦佩, 陆宏芳. 2002. 生态经济系统能值分析[M]. 北京: 化学工业出版社.

李华姣, 安海忠. 2013. 国内外资源环境承载力模型和评价方法综述——基于内容分析法[C]. “资源环境承载力与生态文明建设”学术研讨会: 65-68.

李金海. 2001. 区域生态承载力与可持续发展[J]. 中国人口·资源与环境, 11(3): 76-78.

李清龙, 张焕祯, 王路光, 等. 2004. 水环境承载力及其影响因素[J]. 河北工业科技, 21(6): 30-32.
李如忠, 汪家权, 钱家忠. 2004. 模糊物元模型在区域水环境承载力评价中的应用[J]. 环境科学与技术, 27(5): 54-56.
李双成, 傅小锋, 郑度. 2001. 中国经济持续发展水平的能值分析[J]. 自然资源学报, 16(4): 297-304.
李铁柱, 林锦山, 吴孟庭, 等. 2009. 城市环境交通容量空间分析方法[J]. 东南大学学报(自然科学版), 39(6): 1274-1278.
李小冬, 吴星, 张智慧. 2005. 基于LCA理论的环境影响社会支付意愿研究[J]. 哈尔滨工业大学学报, 37(11): 1507-1510.
李晓倩. 2012. 土地资源评价指标权重赋值方法的比较研究[D]. 兰州: 甘肃农业大学.
李晓燕, 陈红, 胡晗. 2008. 交通环境承载力及其定量化方法初探[J]. 公路交通科技, 25(1): 151-154.
李月辉, 赵羿, 胡远满, 等. 2003. 科尔沁沙地东部农牧交错带土地承载力研究——以科尔沁左翼后旗为例[J]. 生态学杂志, (03): 23-28.
凌和良. 2008. 区域水资源承载力模糊线性规划模型及应用[J]. 数学的实践与认知. 24(38): 104-108.
刘朝亮. 2013. 层次分析法在农业系统中的应用研究[J]. 广东农业科学, (13): 228-232.
刘臣辉, 吕信红, 范海燕, 等. 2011. 主成分分析法用于环境质量评价的探讨[J]. 环境科学与管理, 36(3): 183-186.
刘殿生. 1995. 资源与环境综合承载力分析[J]. 环境科学研究, 8(5): 7-12.
刘东, 封志明, 杨艳昭, 等. 2011. 中国粮食生产发展特征及土地资源承载力空间格局现状[J]. 农业工程学报, 27(7): 1-6.
刘东, 封志明, 杨艳昭. 2012. 基于生态足迹的中国生态承载力供需平衡分析[J]. 自然资源学报, (4): 614-624.
刘立勇, 王彬, 李忠武. 2009. 典型城区山岳型风景区大气环境承载力分析[J]. 生态环境学报, 18(2): 688-692.
刘艳菊, 李巍, 郝芳华. 2009. 规划环境影响评价中大气环境承载力分析研究[J]. 安全与环境学报, 9(3): 78-83.
刘志硕, 申金升, 张智文. 2002. 交通环境承载力动态计算方法及应用[J]. 交通环保, 23(4): 1-4.
龙腾锐, 姜文超. 2003. 水资源(环境)承载力的研究进展[J]. 水科学进展, 14(2): 249-253.
卢聪景, 石晓枫. 2008. 线性规划法计算工业区大气承载力的探讨[J]. 环境科学与技术, 10(31): 142-145.
卢杭辉, 李璇, 赵晟. 2015. 舟山市生态经济系统能值足迹计算[J]. International Journal of Ecology, 04(2): 29-35.
马广文, 王业耀, 香宝, 等. 2012. 贵州省湄潭县生态承载力评估及其区域差异[J]. 环境污染与防治, 34(1): 100-104.
马海娟, 高广阔. 2011. 确定指标权重的统计方法比较[J]. 统计与咨询, (6): 30-31.
马忠强, 汪林. 2013. 基于系统动力学的大连城市化进程中生态承载力模拟预测[J]. 中南林业科技大学学报, 33(4): 70-76.
毛汉英, 余丹林. 2001. 环渤海地区区域承载力研究[J]. 地理学报, 56(3): 363-371.
苗琨. 2011. 城市公园绿地游憩环境承载力分析[D]. 郑州: 河南农业大学.
倪天麒, 王伟. 2000. 城市环境容载力及其计量方法初探[J]. 干旱区地理(汉文版), 23(4): 371-375.
潘东旭, 冯本超. 2003. 徐州市区域承载力实证研究[J]. 中国矿业大学学报, 32(5): 596-600.
彭再德, 杨凯, 王云. 1996. 区域环境承载力研究方法初探[J]. 中国环境科学, (1): 6-10.
齐文虎. 1987. 资源承载力计算的系统动力学模型[J]. 自然资源学报, 2(1): 38-48.
钱华, 李贵宝, 许佩瑶. 2004. 水环境承载力的研究进展[J]. 水利发展研究, 4(2): 33-35.
桑燕鸿. 2002. 广东省南澳县生态承载力研究[D]. 广州: 中山大学.
尚金城, 张妍, 刘仁志. 2001. 战略环境评价的系统动力学方法研究[J]. 东北师大学报, 33(1): 84-89.
邵来峰, 朱榕, 王强. 2013. 皖江县域资源环境承载力评价[J]. 商, (15): 243-243.
佘思敏, 胡雨村. 2013. 生态城市水资源承载力的系统动力学仿真[J]. 四川师范大学学报. 1(36): 126-132.
申元村. 1990. 土地人口承载力研究与方法探讨[J]. 资源科学, (1): 21-26.
宋文彪. 1985. 空气污染控制工程[M]. 北京: 冶金工业出版社.
宋宇. 2011. 中国区域大气环境承载力 DEA 评价[J]. 河南农业大学学报, 45(5): 600-604.
孙道玮, 俞穆清, 陈田, 等. 2002. 生态旅游环境承载力研究——以净月潭国家森林公园为例[J]. 东北师大学报(自然科学), 34(1): 66-71.
孙摇, 玥摇, 程全国, 等. 2014. 基于能值分析的辽宁省生态经济系统可持续发展评价[J]. Chinese Journal of Applied Ecology, 25(1): 188-194.
孙烨. 2012. 松原市生态系统承载力现状及发展趋势研究[D]. 长春: 吉林农业大学.
孙玉军, 王如松. 2000. 生态旅游景区环境容量研究[J]. 应用生态学报, 11(4): 564-566.
唐葆君, 胡玉杰, 魏一鸣, 等. 2015. 我国东北地区能源、经济、环境、生态承载力研究[J]. 中国能源, 37(1): 31-36.
唐葆君, 石小平. 2011. 中国能源消费和经济增长关系实证研究[J]. 中国能源, 33(11): 34-38.
唐剑武, 郭怀成, 叶文虎. 1997. 环境承载力及其在环境规划中的初步应用[J]. 中国环境科学, 17(1): 6-9.
唐燕秋, 陈佳, 邓伟, 等. 2016. 基于空气质量新标准的重庆市大气环境承载力特征研究[J]. 四川环境, 35(1): 61-67.
拓学森, 陈兴鹏, 薛冰. 2006. 民勤县水土资源承载力系统动力学仿真模型研究[J]. 干旱区资源与环境, 6(20): 78-84.
汪君, 蒋志荣, 车克均. 2007. 冶力关国家森林公园旅游环境承载力分析[J]. 干旱区资源与环境, 21(1): 125-128.
汪霞, 张洋洋, 怡欣, 等. 2014. 基于生态足迹模型的舟曲县生态承载力空间差异[J]. 兰州大学学报(自科版), (5): 687-691.
王恒. 2008. 四川省环境承载力与压力研究[D]. 成都: 西南交通大学.
王洪德, 马云东. 2004. 基于粗集-BP 网络的通风系统可靠性预警方法研究[C]. 中国科协 2004 年学术年会第 16 分会场论文集.
王家骥, 姚小红, 李京荣. 2000. 黑河流域生态承载力估测[J]. 环境科学研究, 13(2): 44-48.
王俭, 孙铁珩, 李培军, 等. 2007. 基于人工神经网络的区域水环境承载力评价模型及其应用[J]. 生态学杂志, 26(1): 139-144.
王建华, 江东, 顾定法, 等. 1999. 基于 SD 模型的干旱区城市水资源承载力预测研究[J]. 地理与地理信息科学, (2): 18-22.
王晶, 杨宝仁. 2010. 旅游环境承载力综合评价研究——以净月潭国家森林公园为例[J]. 北方经贸, (7): 96-98.
王佩. 2015. 水资源合理配置指标权重研究[D]. 邯郸: 河北工程大学.
王如松. 2000. 转型期城市生态学前沿研究进展[J]. 生态学报, 20(5): 830-840.
王如松. 2003. 资源, 环境与产业转型的复合生态管理[J]. 系统工程理论与实践, 23(2): 125-132.
王振报, 曲番, 陈艳艳. 2005. 微观环境交通容量分析[J]. 交通运输系统工程与信息, 5(4): 53-56.
王中根, 夏军. 1999. 区域生态环境承载力的量化方法研究[J]. 长江工程职业技术学院学报, (4): 9-12.
卫振林, 申金升, 徐一飞. 1997. 交通环境容量与交通环境承载力的探讨[J]. 经济地理, (1): 97-99.
文俊. 2006. 区域水资源可持续利用预警系统研究[D]. 南京: 河海大学.
毋谨超. 2013. 海岛生态修复与环境保护[M]. 北京: 海洋出版社.
吴殿龙. 2007. 规划环评中环境承载力的研究与应用[D]. 大连: 大连理工大学.
吴良兴. 2009. 大型煤矿矿区的资源环境承载力研究[D]. 西安: 西北大学.
吴美文, 吴军. 2009. 主、客观综合赋权法在城市消防安全评价中的应用[J]. 消防科学与技术, (07): 525-528.
吴学龙. 1991. 论沿海新经济开发区环境-经济规划——以福建省湄洲湾开发区为例[D]. 北京: 北京大学.
夏军, 朱一中. 2002. 水资源安全的度量:水资源承载力的研究与挑战[J]. 自然资源学报, 17(3): 262-269.
向芸芸, 蒙吉军. 2012. 生态承载力研究和应用进展[J]. 生态学杂志, (11): 2958-2965.
肖炳成. 1990. 试论城市地质环境承载力[J]. 中国地质, (1): 19.
谢俊奇, 蔡玉梅, 郑振源, 等. 2004. 基于改进的农业生态区法的中国耕地粮食生产潜力评价[J].

中国土地科学, 18(4): 31-37.
谢姆斯叶·艾尼瓦尔. 2013. 渭干河—库车河三角洲绿洲土壤盐渍化灾害预警模型建立研究[D]. 乌鲁木齐: 新疆大学.
邢文革. 2010. 基于信息优势的预警探测系统的发展和特征[J]. 现代雷达, 32(5): 1-3.
解振华. 2002. 中国大百科全书. 环境科学(修订版)[M]. 北京: 中国大百科全书出版社.
熊建新, 陈端吕, 彭保发, 等. 2014. 基于 ANN 的洞庭湖区生态承载力预警研究[J]. 中南林业科技大学学报(自然科学版), 34(2): 102-107.
熊建新, 陈端吕, 谢雪梅. 2012. 基于状态空间法的洞庭湖区生态承载力综合评价研究[J]. 经济地理, 32(11): 138-142.
徐大海, 王郁. 2013. 确定大气环境承载力的烟云足迹法[J]. 环境科学学报, 33(6): 1734-1740.
徐中民. 1999. 情景基础的水资源承载力多目标分析理论及应用[J]. 冰川冻土, 21(2): 99-106.
许联芳, 杨勋林, 王克林, 等. 2006. 生态承载力研究进展[J]. 生态环境, (5): 1111-1116.
杨贝贝, 苏怀智, 付浩雁, 等. 2016. 大坝安全监测系统综合评价方法研究[J]. 中国农村水利水电, (1): 122-124.
杨浩, 张国珍, 杨晓妮, 等. 2016. 基于模糊综合评判法的洮河水环境质量评价[J]. 环境科学与技术, (S1): 380-386, 392.
杨建新, 王如松. 1998. 生命周期评价的回顾与展望[J]. 环境科学进展, 6(2): 21-27.
杨江鹏. 2014. 基于服务半径和空间承载力的城市公园服务力分析[D]. 福州: 福建农林大学.
杨林泉, 郭山. 2003. 基于模糊线性规划测度模型的旅游环境承载力实证分析[J]. 云南地理环境研究, 15(3): 23-27.
杨渺, 甘泉, 叶宏, 等. 2017. 四川省资源环境承载力预警模型构建[J]. 四川环境, (01): 144-151.
杨日辉, 王首绪. 2006. 基于交通环境承载力的公路网交通量预测[J]. 公路, (4): 182-185.
杨艳, 牛建明, 张庆, 等. 2011. 基于生态足迹的半干旱草原区生态承载力与可持续发展研究——以内蒙古锡林郭勒盟为例[J]. 生态学报, 31(17): 5096-5104.
杨志峰, 隋欣. 2005. 基于生态系统健康的生态承载力评价[J]. 环境科学学报, 25(5): 586-594.
姚玲. 2009. 贵州独山县生态环境承载力分析[C]. 贵州地质科技与找矿突破论坛.
姚治君, 王建华, 江东, 等. 2002. 区域水资源承载力的研究进展及其理论探析[J]. 水科学进展, 13(1): 111-115.
姚作芳. 2008. 基于能值理论的生态县可持续发展研究[D]. 长沙: 湖南农业大学.
尹新哲, 李菁华, 雷莹. 2013. 森林公园旅游环境承载力评估——以重庆黄水国家森林公园为例[J]. 人文地理, (2): 154-159.
游桂芝, 鲍大忠. 2008. 灰色关联度法在地质灾害危险性评价指标筛选及指标权重确定中的应用[J]. 贵州工业大学学报(自然科学版), (06): 4-8.
于波涛. 2008. 基于景观生态学的森林旅游环境承载力分析[J]. 学术交流, (2): 86-89.
岳东霞, 巩杰, 熊友才, 等. 2010. 民勤县生态承载力动态趋势与驱动力分析[J]. 干旱区资源与环境, 24(6): 37-44.
云雅如, 王淑兰, 胡君, 等. 2012. 情景分析法在我国环境保护相关领域管理决策中的现状与展望[J]. 中国人口·资源与环境, (S2): 131-135.
张红艳. 2014. 基于改进型生态足迹的建平县生态环境现状评价及预测[D]. 兰州: 兰州大学.
张江书, 查良松, 汪顺刚. 2007. 基于 GIS 的中国各地区生态安全模式分析[J]. 资源开发与市场, 23(3): 193-195.
张静, 蒋洪强, 卢亚灵. 2013. 一种新的城市群大气环境承载力评价方法及应用[J]. 中国环境监测, 29(5): 26-31.
张翊, 李银富, 茶增芬. 2016. 云南山区县域资源环境承载力评价研究——以陇川县为例[J]. 云南地理环境研究, 28(2): 29-34.
张莹, 侯兰功, 袁琦, 等. 2016. 生态承载力研究综述[J]. 农业科技与信息, (08): 49-50.
张志强, 程国栋, 徐中民. 2002. 可持续发展评估指标、方法及应用研究[J]. 冰川冻土, 24(4): 344-360.
赵文娟. 2007. 城市道路交通的大气环境承载力研究[D]. 成都: 西南交通大学.
郑国强, 江南, 刘兆德. 2004. 长江下游沿江地区区域环境承载力对土地利用变化的响应[J]. 生态学杂志, 23(1): 16-19.
《中国大百科全书》总编委会. 2002. 中国大百科全书: 精粹版[M]. 北京: 中国大百科全书出版社.
周红艺. 2008. 区域生态承载力的动态分析与模拟——以岷江上游黑水县为例[D]. 成都: 中国科学院·水利部成都山地灾害与环境研究所.
周继豪, 沈小东, 张平,等. 2016. 珊瑚砂改良为目的的离岸岛礁有机固废处理策略研究[J]. 生态科学, (6): 176-181.
周璞, 王昊, 刘天科, 等. 2017. 自然资源环境承载力评价技术方法优化研究——基于中小尺度的思考与建议[J]. 国土资源情报, (2): 19-24.
周伟, 袁国华, 罗世兴. 2015. 广西陆海统筹中资源环境承载力监测预警思路[J]. 中国国土资源经济, (10): 8-12.
朱晓丽, 李文龙, 薛中正, 等. 2011. 基于 3S 技术的甘南州生态健康与生态承载力耦合[J]. 草业科学, 28(6): 939-945.
朱一中, 夏军, 谈戈. 2002. 关于水资源承载力理论与方法的研究[J]. 地理科学进展, 21(2): 180-188.
Akarca A T, Long T V. 1980. On the relationship between energy and GNP: a reexamination[J]. The Journal of Energy and Development, 5(2): 326-331.
Arrow K, Bolin B, Costanza R, et al. 1995. Economic growth, carrying capacity, and the environment [J]. Ecological Economics, 15(2): 91-95.
Bakshi B R. 2000. A thermodynamic framework for ecologically conscious process systems engine-

ering[J]. Computers and Chemical Engineering, 24: 1767-1773.

Bicknell K B, Ball R J, Cullen R, et al. 1998. New methodology for the ecological footprint with an application to the New Zealand economy[J]. Ecological Economics, 27(2): 149-160.

Carey D I. 1993. Development based on carrying capacity: A strategy for environmental protection[J]. Global Environmental Change, 3(2): 140-148.

Doherty S J, Odum H T. 1992. Emergy Synthesis Perspectives , Sustainable Development , and Public Policy Opt ions for Papua New Guinea, Center for Wetlands, University of Florida, USA.

Forrester J W, Peter M S. 1980. Tests for building confidence in system dynamics models system dynamics[J]. TIMS Studies in Management Sciences, 14: 209-228.

Glasure Y U, Lee A R. 1998. Cointegration, error-correction, and the relationship between GDP and energy: The case of South Korea and Singapore[J]. Resource and Energy Economics, 20(1): 17-25.

Haberl H, Fischer-Kowalskia M, Krausmanna F. 2004. Progress towards sustainability? What the conceptual framework of material and energy Flow Accounting(MEFA) can offer[J]. Land Use Policy, 21: 199-213.

Lozato-Giotart J P. 1992. Geographical rating in tourism development[J]. Tourism Management, 13(1): 141-144.

Odum E P. 1971. Fundamentals of Ecology[M]. Thomson Brooks/Cole.

Odum H T, Odum E C. 1987. Ecology and Economy: Emergy Analysis and Public Policy in Texas Lyndon B. Johnson School of Public Affairs, Policy Research Project Report. 78.

Price D. 1999. Carrying capacity reconsidered[J]. Population and Environment, 21(1): 5-26.

Rees W E. 1992. Ecological footprints and appropriated carrying capacity: what urban economics leaves out[J]. Environment and Urbanization, 4(2): 121-130.

Wackernagel M, Mcintosh J, Rees W E, et al. 1993. How big is our ecological footprint? A handbook for estimating a community's appropriated carrying capacity. Discussion draft of the Task Force on Planning Healthy and Sustainable Communities. Vancouver, BC: University of British Columbia.

Yu E S H, Hwang B K. 1984. The relationship between energy and GNP : Further results[J]. Energy Economics, 6(3): 186-190.

第 4 章　体系应用及未来发展方向

4.1　自然资源资产负债评估体系的应用

4.1.1　应用目标

自然资源资产负债的评估依托于真实、可信的数据，大量数据的统计分析可提供丰富的生态系统特征细节，并借以推断各类资产与社会经济的关联性及受人类干预的程度，因此数据结果的数量和质量决定了这一评估体系最终应用的范围及整体可达成的目标。换而言之，若要对土地利用和资源配置等政策制定提供切实可靠的评判依据，需要自下而上针对性地实地调查，积累不同环境条件下的数据，建设完备的统计制度，获取多方位的自然资源资产信息，最终方可从以下几个方面实现一个理想的、长期“双赢”的局面（谷树忠，2015）。

一是根据自然资源资产基础信息，实现政府机构及时、准确、系统地把握自然资源资产的数量、质量和价值量等方面的变化情况，为深入开展领导干部自然资源资产离任审计奠定基础，并可作为科学决策的重要依据。

二是根据自然资源资产权益信息，实现立法监督机构及时、准确、系统地把握和监督自然资源资产权益的分配及其均衡等情况，以此作为调整优化权益分配的重要依据。

三是根据自然资源资产综合信息，让全社会了解城市或地区的自然资源资产的真实情况，并以此推动社会各界积极而有效地参与自然资源资产的监管，防止出现重大的决策失误和利益失衡。

从国家的层面而言，编制自然资源资产负债表，依据自然资源资产的国际公共信息，从而有助于我国积极有效地参与全球自然资源治理、优化我国自然资源治理，确保我国国际自然资源资产权益。同时也为国际社会了解我国自然资源资产情况提供必要的条件或窗口，让世界了解中国，特别是了解我国生态文明建设的成就和历程。

4.1.2　应用途径

在具体的操作过程中，可从以下 4 种途径加以考虑。

（1）根据历年自然资源资产负债表，探究并落实负债增加及权益减少的相关自然资源出现收支波动的原因，并从有较大提高幅度的资产价值中总结经验，为实行自然资源资产离任审计、建立生态环境损害责任终身追究制提供支撑（刘伟伟，2014）。

（2）针对现有的土地利用与自然资源资产的分布格局，在满足基本的生态系统产品与服务的需求之下，对局部进行挪移和调整，实现资源的优化配置。

（3）在未来城市扩张或改造、重建的项目中，运用自然资源资产的核算体系对虚拟情境的规划设计进行生态价值预测，以便制定出最优意向方案。

（4）与其他相似（如地理概况、社会、经济条件等）城市或区域进行比较，分析所在区域自然资源资产的特点、主要优势及存在的不足之处。

4.1.3　应用内容

在构建自然资源资产负债体系前，有必要弄清楚以下几点：①所在城市或地区拥有的自然资源“家底”有多“厚”；②按照当前的利用强度，这些资源是否能够长期为当地的经济社会发展提供支持；③如果不能提供长期支持，其间的缺口到底有多大；④如果存在缺口，经济体需要做出怎样的调整，才能使资源供应与需求在当期及未来达到平衡。这些信息既可为企业、个人进行微观决策提供参考，也是一个国家宏观经济社会管理决策的重要依据。

通过自然资源资产负债表的核算，可以显示以下内容。①城市或地区所拥有的自然资源存量有多少，质量如何，此即盘点“家底”；②在一段时期（如一年或者五年）内自然资源存量及其质量发生了多大变化，增加（提高）了还是减少（降低）了；③导致自然资源存量增减的原因是什么，自然原因还是人为原因，各自的影响力度有多大，哪些可以归结为与经济活动有关的原因；④当前对自然资源的实际利用是否超出了资源本身的可持续利用水平，即消耗大于积累，造成了资源的“入不敷出”，这种超额或过度支出有多少。

4.1.4　存在问题

尽管当前构建的评估体系综合了时下国内外主流的自然资源资产负债分类模式、评估方法和编制思路，但也并非已臻完备，主要存在如下问题。

（1）指标体系过于复杂，也没有针对输入资源、稀缺资源、补位资源等设立符合地方实情的权重，亦没有分析各类资源之间“此消彼长”或“同长同消”的相互作用。

（2）未将社会经济价值纳入自然资源资产负债的评估过程，即缺乏对人力资本、社会资本和建造资本的考量。

4.2 资源环境承载力评估与预警体系的应用

4.2.1 应用目标

编制资源环境承载力评估与预警体系的最终目的在于从整体上以承载力为约束对国土空间进行科学规划，引导社会经济活动在资源节约、环境保护的基础上科学发展，从而实现区域的可持续发展。资源环境承载力评估与预警体系的应用目标主要体现在以下几个方面。

一是提供资源环境承载力的供给信息，有助于系统把握区域的资源环境承载力供给状况，从而对区域的自然资源和自然环境状况评估起到参考作用。

二是提供资源环境承载力的需求信息，有助于系统把握区域的资源环境承载力需求状况，从而对自然资源和自然环境供给进行区域性调整或制定相应的资源环境保障措施。

三是提供资源环境承载力的盈余或负载信息，对负载进行警示，从而使管理部门及时有效地发现经济社会发展规划中的不可持续性因素，指导政府部门科学合理地进行功能区划，落实可持续发展战略。

从国家层面而言，编制资源环境承载力评估与预警体系有助于发现自身的发展模式与可持续发展目标中不匹配的要素，以便参考国际上的成功案例，对国家的总体发展战略中的不匹配要素进行调整，实现国家间的资源环境承载力优化配置合作，实现大区域的共赢局面。

4.2.2 应用途径

在具体的操作过程中，可从以下 4 种途径加以应用。

（1）在大区域下进行亚区域的各类资源承载力分析，确定各亚区域的资源环境承载力优势和劣势，为功能区规划提供参考。

（2）在（1）的基础上，通过亚区域之间的资源环境优势互补，制定大区域的全面可持续发展战略。

（3）以资源环境承载力警度为参考，制定符合区域发展需求的环境保护法律法规，划定生态保护红线，以缓解甚至消除造成承载力负载的危害因素。

（4）与其他相似城市或区域进行比较，分析所在区域资源环境承载力的特点、主要优势及存在的不足之处，为区域经济社会发展战略的调整提供依据。

4.2.3　应用内容

为了准确评估区域的资源环境承载力并给出适合的警度，必须摸清以下几点：①对于区域发展至关重要的资源环境类型有哪些；②该如何衡量这些资源环境类型的承载力大小；③该如何确定资源环境承载力是否超载，超载程度如何。

只有在摸清资源环境承载力的本地情况后，才能更进一步对国土空间进行科学规划。规划主要考量以下几点：①不同亚区域的承载力优势和短板在哪里；②如何利用承载力优势；③如何缓解承载力短板对区域发展的限制；④区域间承载力优势互补存在哪些途径。

4.2.4　存在问题

目前，将区域资源环境承载力的评估结果与区域发展规划相结合的应用实例还很少。主要是由于目前的资源环境承载力评估与预警体系在评估方法和指标体系方面尚存在许多不完善的地方，使得理论与实践脱节。具体而言，我们认为，资源环境承载力评估与预警体系的实用价值不强主要有以下三个原因。

一是资源环境承载力评价方法尚未成熟，缺乏适合我国国情的资源环境承载力评价体系（熊德国等，2003）。在评价一个区域的资源环境承载力的过程中，往往遇到一个问题，那就是该如何确定某项资源环境承载力的标准值。以中国为例，我国人口基数大，多数资源的人均资源量都远远低于全球平均值。若以全球的人均资源量作为标准值，则明显不符合我国的国情，也不利于我国的可持续发展规划的制定。另外，即使是在我国的国土范围内，资源的空间分布也极为不均，这不利于全国统一规划的制定（李泽红等，2008）。对于这两点问题，相关的政府部门和研究机构已有较为充分的认识，因此，在《城市居民生活用水量标准（GB/T 50331—2002）》、《地表水环境质量标准（GB3838—2002）》等国家标准中，均对不同区域制定了不同的执行标准。只有确定了科学合理的标准值，才能准确判断资源承载力所处的状态究竟是盈余还是负载，负载的程度有多严重。

二是资源环境承载力评价缺乏可操作性，不利于政府部门将其应用于区域发展规划的实践中（王书华和毛汉英，2001）。任何评价体系如果仅仅停留在理论层面，不具备强的可操作性，将很难为政策法规和发展规划的制定提供指导。因此，需要通过简化数据来源和计算过程来简化指标的评价方法（臧蕾等，2012）。例如，在森林资源承载力评估上，林地面积和林分质量都会影响到区域的森林资源能够承载的人口数目和发展需求。森林的生物量较林地面积和林分质量而言，是一个更加综合的指标，也与森林的生态功能关系更密切（宋庆丰等，2015）。因此，可能能够成为简化的森林资源承载力评估方法的关键。

三是各类不同的资源环境承载力难以协调，构建综合的资源环境承载力体系难度大，因而难以为可持续发展规划提供切实的指导。可持续发展规划涉及的资源环境类型不仅仅是一两类，而是多个类别（刘文英等，2005），因此，根据规划的需求应对多种资源环境承载力进行组合，设置合理的权重，以形成满足不同规划需求的方案（黄宁生和匡耀求，2000）。例如，对区域内的功能区进行重新划分时，主要应该倾向于区域的经济支撑、人口支撑和生态服务功能，因此需要综合该区域的土地资源承载力、水资源承载力和绿地资源承载力。在规划过程中，基于对区域内不同小区域的承载力优势类别和短板类别的综合考量来进行功能区的合理划分。又如，针对水资源的保护规划，主要需要考虑的是当地的水资源承载力和水环境承载力，只是这两部分承载力孰轻孰重仍然需要结合区域的实际情况进一步进行研究。

4.3 未来发展方向

4.3.1 简化自然资源资产负债指标体系

考虑到区域的自然资源资产负债体系的主要目的是作为自然资源资产的清查依据及相关管理者的生态政绩考核基础，编制区域自然资源资产负债体系必须兼顾评估准确性、客观性、评估效率、可行性和可比性（封志明等，2014；陈玥等，2015）。针对区域自然资源资产年际间的动态变化特征，为充分体现当前干部离任审计过程中资源的合理开发利用程度，在总核算体系之下精炼出流通量或转换率较为显著的评估指标，建立针对性强的考核方案。在同一体系下采用区别对待不同指标的原则。例如，土地资源中的储备用地及地下水资源等常年基本不会发生变化的部分，不必纳入该年度的考核内容。植被资源是自然资源资产的重要贡献者，是自然资源资产评估不可或缺的部分（孙晶波和李玮，2006；谢高地等，2003），故植被资源的所有指标应纳入在年度考核内容中。城市化发展对水资源的利用方式、利用结构、利用效率及水环境等会产生根本性影响（郭兴芬等，2012），故水体资源作为一个重要的易发生变化的自然资源资产纳入在考核系统中。

1. 简化核算指标的必要性

随着全球变化加剧，土地退化、生物多样性损失、极端天气事件增加等一系列生态问题的涌现，社会经济发展与自然资源环境之间的“权衡”观念不断深入人心，高效、快捷地对生态系统资源价值进行量化评估显得十分必要，原因主要体现在如下几个方面。

一是国际上现行主流项目的评估体系，如千年生态系统评估（MA）、生物多样性和生态系统经济学（TEEB）、政府间生物多样性和生态系统服务政策科学政策平台（IPBES）、综合环境与经济核算体系（SEEA）等，均普遍采用颇为复杂的生物物理过程模型进行评估，并于全球区域范围、多尺度开展大量的评估工作；在国内，自 2004 年开展“中国森林资源核算及纳入绿色 GDP 研究”，至 2013 年、2016 年分别再次启动“中国森林资源核算及绿色经济评价体系研究”，2016 年还发布了《生态文明建设目标评价考核办法》，首次建立起生态文明建设目标评价考核制度，以上种种无不显现出我国在对自然环境深入认识的过程中有着极大的评估需求，因而国内外当前政策对评估的需求在范围、规模和内容上都是前所未有的。

二是由生态系统服务级联模型（Haines-Young and Potschin, 2010）可知，生态系统功能很大程度上决定了生态系统服务的水平，而绿色植物的光合作用作为系统能量来源的重要生物途径，在一定的群落组成结构中直接影响了绝大部分生态系统功能的发挥，由此可以推断，在一个输入、输出较为稳定的环境中，少数关键的生态系统特征指标很有可能就可反映出一个地区生态系统服务的高低，因此，现有的概念模型在理论上支持对核算指标进行简化。

三是生态系统服务现有的评估涉及面非常广，传统的评估数据不易收集。例如，传统方法评估不同类型的生态系统服务价值需选用多种不同的生态系统过程模型，绝大部分模型仅局限于少量几种服务的评估，缺乏普适性；评估非使用价值时，往往要走访调查，复杂且繁琐（Eigenbrod et al.，2010；Landuyt et al.，2013；Freeman III et al.，2014；Gómez-Baggethun and Ruiz-Perez，2011）。以在我国应用最广的《森林生态系统服务功能评估规范 LY/T 1721—2008》为例，共 14 类二级服务，涉及 60 多个方程参数，而很多参数的获取仍需借助多个指标进行换算，数据不易获取，即使收集数据资料时误差较小，也需耗费大量的人力、物力、财力。

综上所述，尽管目前传统方法尚具有无可取代的准确性，但是为了互补，我们需要一个模型结构简单且指标较少的方法作为生态系统服务价值评估的补充手段（Jeff Bennett，2011；Kareiva et al.，2011；Van der Biest et al.，2014；Costanza et al.，2015）。

2. 简化核算指标和方法的思路

简化第 2 章的核算体系，可由以下两个方面入手：一是简化指标体系；二是简化核算方法。

简化指标体系的第一个着手点是区分出必须核算的指标和没必要考核的指标，从而减少核算的指标数目。同时，一些相类似的指标可以相互替代或合并，找出一个代表性的指标或者提出一个新的综合性指标。

简化核算方法是指将核算方法的公式进行简化，使得需要获取的数据尽可能简化。最理想的核算方法只需要一两个容易获取的数据，通过代入公式就能高效得进行核算。

简化评估的步骤可概括为如下几点。①搜集相似地区的基础评估数据，一般根据气候条件、生态系统结构和居民的生活消费水平等进行选择；②筛选合适的简化评估指标，可从优控制在三个以内；③采用不同的方程形式进行模型拟合，并选择出最优的拟合模型，进行信度和效度检验；④将待评估地的简化指标数据代入模型，得到估测的评估结果。

3. 简化植被资源的核算指标和方法

森林资源作为研究得最充分的一类自然资源，为我们研究普适的简化方程提供了数据基础。森林资源的价值评估的简化思路是将生物量、生产力、“单位面积价值”、旅游价值作为自变量，而实物资产的直接价值、间接价值作为因变量，构建模型进行估算。

以广东地区的植被资源核算体系为例，主要提出了以下两种方案。

（1）以不同林分（龄组结构）或林型的“单位面积”产生的价值进行估测（用线性关系表示）。根据《广东省森林生态系统服务功能评估》（2009 年），可从 21 个广东城市的图片中提取幼龄林、中龄林、近成熟林、成熟林、过成熟林的生态效益，但不知道各城市不同龄林所对应的面积，因此暂无充分数据建立模型。

（2）以林地面积估测生态服务价值（用回归方程表示）。本方案的数据来源于《广东省森林生态系统服务功能评估》（2009 年），如表 4-1 所示。

表 4-1　广东省各地级市的各类林地面积及生态服务价值（2009 年度）

城市	有林地面积	灌木林面积	林分面积	有林地+灌木林面积	生态服务价值
广州	28.10	0.39	27.43	28.49	190.59
珠海	7.32	0.22	7.31	7.54	48.67
深圳	3.30	1.41	3.24	4.71	35.64
汕头	6.01	0.01	5.97	6.02	39.26
韶关	113.43	9.64	104.83	123.07	840.16
河源	107.85	3.11	105.08	110.96	999.23
梅州	107.03	3.58	103.69	110.61	733.77
惠州	64.18	2.01	63.39	66.19	450.04
汕尾	21.07	1.72	20.83	22.79	178.93
东莞	5.26	0.07	5.25	5.33	29.06

续表

城市	有林地面积	灌木林面积	林分面积	有林地+灌木林面积	生态服务价值
中山	2.99	0.01	2.97	3.00	27.71
江门	36.41	4.78	35.90	41.19	223.48
佛山	6.23	0.08	6.02	6.31	36.66
阳江	40.15	1.27	39.83	41.42	258.52
湛江	24.86	0.32	23.72	25.18	119.73
茂名	53.74	1.12	52.81	54.86	295.95
肇庆	97.12	2.43	86.45	99.55	1032.48
清远	104.24	28.39	101.17	132.63	863.60
潮州	16.64	1.19	16.19	17.83	111.40
揭阳	25.19	1.82	24.64	27.01	166.42
云浮	44.47	3.86	44.02	48.33	265.65
省属	12.02	0.68	11.98	12.70	84.31

面积单位：hm^2；生态服务价值单位：亿元。

经 Shapiro-Wilk's W test 正态性检验，所有列数据均服从正态分布（$P<0.05$）。使用 SAS 软件进行一般线性回归分析，结果如表 4-2 所示。

表 4-2　林地面积与生态服务价值的相关分析

自变量	因变量	变异来源	d.f.	平方和	均方	F 值	P 值	R^2
有林地 灌木林地	生态服务价值	模型	2	2 282 917	1 141 459	154.98	<0.001	0.9422
		误差	19	139 935	7 364.997 8			
有林地	生态服务价值	模型	1	2 282 679	2 282 679	325.69	<0.001	0.9421
		误差	20	140 173	7 008.672 5			
灌木林地	生态服务价值	模型	1	729 826	729 826	8.62	0.008	0.3012
		误差	20	1 693 026	84 651			
林分	生态服务价值	模型	1	2 247 542	2 247 542	256.41	<0.001	0.9276
		误差	20	175 310	8 765.5033			
有林地＋ 灌木林地	生态服务价值	模型	1	2 246 739	2 246 739	255.15	<0.001	0.9273
		误差	20	176 113	8 805.6638			

注：“有林地+灌木林地”与“生态服务价值”的回归中，灌木林地面积的回归系数不显著（即表示第一组的回归中有一个变量“灌木林地”不显著）。

根据以上结果，最终选定“生态服务价值（y）”对“有林地面积（x）”的线性回归方程（图 4-1）：$y=-35.704\,26+8.426\,77x$。

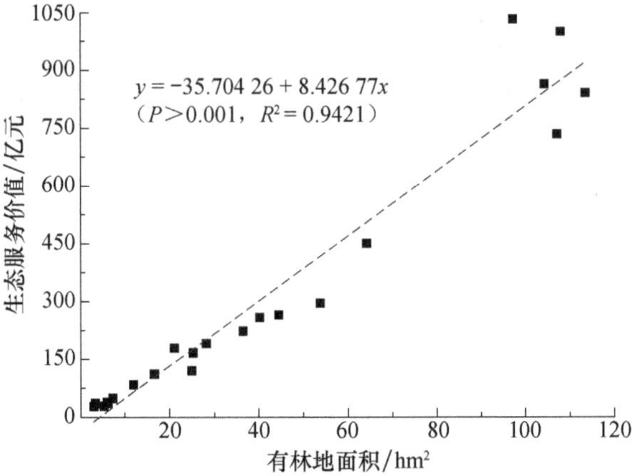

图 4-1　有林地面积与区域的森林生态服务价值的相关性

因此，对广东省各市的森林生态功能价值的估算也可直接将有林地面积带入到以上公式中得到。如此便不需要分别计算各项生态服务功能的价值再进行汇总，从而大大简化了森林资源资产的评估过程。

4. 简化核算指标的未来发展展望

当有更多的基础研究和数据来源，除了使用有林地面积，亦应考虑能反映生态系统总生产力的指标，如生物量、光合有效辐射（photosynthetically active radiation）等；也应考虑能反映生态系统结构和功能特征的指标，如生物多样性等。

通过简化的评估指标体系和经验模型，未来有可能在一个大的区域（如省份、流域），选择少数有代表性的地区，建立长期的观测站，采集传统自然资源资产评估所需的基础数据，然后组建相适的经验模型，从而推广到其他相似地区，大大提高区域内整体评估的精度和效率。

4.3.2　将社会经济价值纳入自然资源资产负债评估过程

从本质上来看，估值是对实现一个目标的权衡关系（trade-off）的评价，因而生态系统服务价值的评估是生态系统对这一目标的相对贡献度，如果没有人的参与（人力资本）、人类社区（社会资本）及人为构建的环境（建造资本），生态系统也就无法为人类提供任何效益，因此，价值也是一个相对的概念，通过时间节点的评估来研究生态系统服务相对于当前的经济水平动态变化的时空格局（Constanza et al.，2014）。

1. 理论背景

1）生态资产产品与服务之间的权衡关系

将生态资产进行估值并非是将它们商品化或私有化，生态资产（ecological asset）是一种共有财产，是所有者对生态系统实施生态所有权而获取的服务效益和福利。生态资产的产权不具有排他性和转让性，而具有公共获取性，正是由于大部分生态系统服务为公共产品或共享性资源，这便意味着私有的、传统的市场很难真实地反映其价值含量，不仅如此，针对产品的特征和服务对象的不同，不同类型的生态系统服务也存在着或竞争或排斥的相互关联（陈百明和黄兴文，2003）（表 4-3）。

表 4-3　根据竞争性和排他性的生态系统服务分类（Costanza，2008）

	排他性	非排他性
竞争性	市场的商品和服务 （部分支持服务）	共享性资源 （部分支持服务）
非竞争性	拥挤性服务 （部分娱乐服务）	公共产品和服务 （大部分调节和文化服务）

非竞争性，即一个个体消费不会减少其他个体的消费，受益对象之间不存在利益冲突和对立；非排他性，即消费不能够被排除在消费利益之外，产品在消费过程中所产生的利益不能仅仅为某个人或某些人所专有（Costanza，2008）。通常来说，服务性资产建立在实物性资产的基础上，通过实体的结构和功能而发挥效能，但也存在一部分支持服务和一部分娱乐服务，它们具有排他性或竞争性。例如，一旦将林木用于生物能源或工业原材料，则人们无法再享用它涵养水源、保育土壤等带来的服务价值（Felardo and Lippitt，2016）；再比如，森林休憩、实验林地等如果只对满足一定条件的群体开放和使用，则具有排他性，以上这些商品和服务均存在交易行为，被赋予了市场化的性质。因此，在决策制定的过程中，应充分考虑具有排他性的服务类型的机会成本，合理分配具有竞争性的服务类型的享用周期和频率。

2）生态资产价值的转换通道

从生态资产到社会经济价值，生态系统中物质流、能量流、信息流在形成产品和服务后到价值流实现的过程之间存在复杂的转换关系。根据生态系统服务的竞争性和排他性特征及价值流动的去向，生态资产—社会经济价值转换体系主要包括两部分价值的转换，即有两条转换通道（张立伟和傅伯杰，2014；郑华等，2013）。其一为单向转换通道（one-way conversion channel），由生态资产带来的社会经济价值，如自然资源产品价值和一些精神文化服务类价值（图 4-2 通道Ⅰ）。

产品价值一旦兑现，将转换为社会经济价值，随即消费或转让后便不复存在，每一次价值流在该通道均被终结，生态系统服务的价值量减少（Van Jaarsveld et al.，2005；Imhoff et al.，2004）。

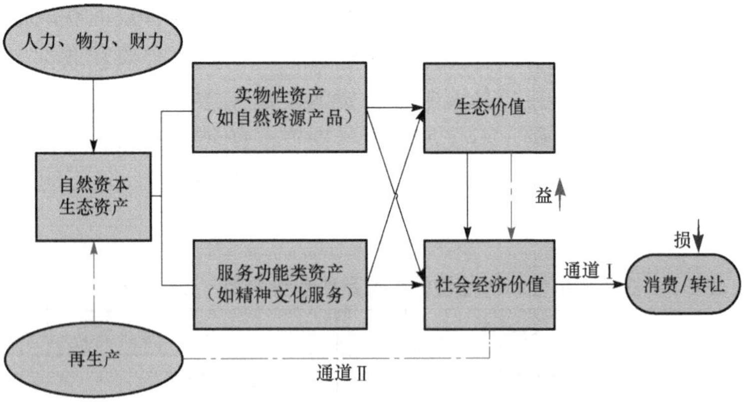

图 4-2　生态资产－社会经济价值的转换

另一种转换方式是社会可以通过经济投入来提高区域的生态资源的质量和数量，从而提升区域的生态价值（Worm et al.，2006）。若将生态价值高的用地转变为社会经济价值高的用地，再利用用地转换后创造的社会经济价值来提升区域的生态资源质量和数量，将能实现生态资产价值和社会经济价值的双赢，其价值流动方向可称为往复转换通道（reciprocating conversion channel）（图 4-2 通道Ⅱ及图 4-3 至图 4-5，服务性资产大多不具备可交易的性质，不存在通道Ⅰ，但依附于实物性资产发挥功能作用）。当然，倘若信息失准或管理不善，则很有可能导致生态资产可转换的社会经济价值呈现衰减，资产的使用功能不断受到折损，但这不包含在以上理论模型讨论的范畴，基于模型的假设，随着资产消耗与再生产的合理配置，最终产生的社会经济价值将不断增强，生态功能不断更新、趋于稳定（Van Jaarsveld et al.，2005；Naidoo et al.，2008；Power，2010）。

植被资源、湿地资源和水体资源各资产及价值的转换分别如图 4-3 至图 4-5 所示（Millennium Ecosystem Assessment，2003；Van der Ploeg et al.，2010）；其他土地资源因未计算服务类资产，不存在通道Ⅱ，故未列出。

2. 生态资产价值转换研究的意义

生态系统服务之间存在的此消彼长的权衡或彼此增益的协同关系，是生态系统服务管理研究的重要内容（戴尔阜等，2015）。对转换体系和生态系统功能上权衡的认识是对多种生态系统服务实现可持续管理的前提。在空间上，某些生态系统服务的增加会导致同一区域（或者其他区域）其他服务的衰退，理解空间上的

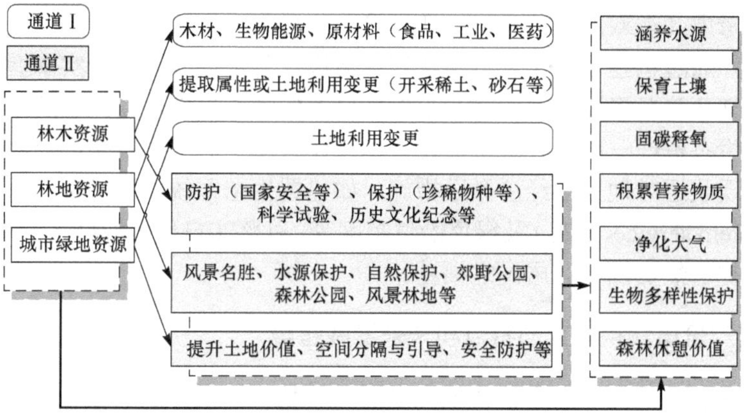

图 4-3　植被资源资产与价值的转换模式

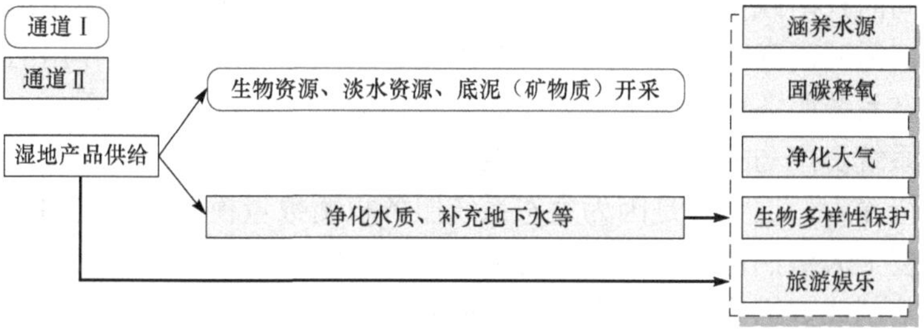

图 4-4　湿地资源资产与价值的转换模式

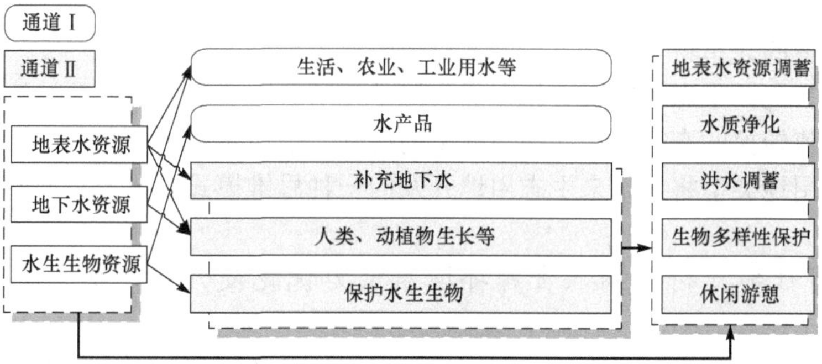

图 4-5　水体资源资产与价值的转换模式

权衡能让管理从全局着眼，不只关注某一种服务，而是考虑整个区域的平衡发展。在时间上，生态系统服务的权衡常常表现出滞后性，这是由于生态过程本身具有缓慢性和非线性特征，使得一些生态过程所受的影响要经过一段时间，等变化积累到阈值时才能表现出来，理解时间上的权衡能让管理的目标不被短期需求主导，而是充分顾及子孙后代的福利，从不同的方面深入理解生态系统服务功能之间的权衡，开阔各级管理者的眼界，决策过程中有利于加强对生态、社会、政治等内容的综合考虑（李双成等，2013；郑华等，2013）。

此外，通过构建本土化之自然资源评估模式与数据库，以确实掌握自然资源信息，设立环境及资源界限，有利于保持自然资源存量之永续。了解生态系统服务价值及生态资产－社会经济价值转换体系还有助于对生态系统进行高效管理，亦可根据现状适时地采取经济激励措施，如建置生态系统服务付费（payment for the ecosystem service，PES）及绿色给付制度等，以落实自然资源外部效益内部化，并提高保护自然资源地区居民之福祉。

3. 生态资产价值转换研究的特点和未来发展趋势

在现实生活中，生态系统管理更多面对的是多种生态系统服务之间相互交织的权衡或协同关系，解决一种生态系统服务冲突的同时，不可避免地会影响到其他服务之间的权衡或协同关系，造成新的服务冲突。为更好地优化生态系统服务管理，迫切需要研究特定时空尺度下多种生态系统服务之间相互作用的表现形式及单一生态系统服务价值与生态系统服务总体效益之间的变化关系。

生态系统资产与社会经济价值转换体系的研究目前仍处于探索阶段，应用案例研究亟待深入，这主要是因为生态系统服务权衡数量模型的构建和精度验证需要时空尺度上大量的自然和社会环境因素样点实测数据作支撑，在实际研究中常常因技术限制或数据共享困难而难以全面获取。同时，诸多自然和社会环境因素的可量化程度存在差异，使部分服务的估算方法和估算精度存在很大差异。因此，增强各种生态系统服务估算方法的标准化和推进不同区域、不同部门之间生态系统服务数据的共享将是生态系统服务权衡研究的重要内容。

总而言之，生态系统服务权衡的目标是使所有服务的总体效益最佳。随着生态资产价值转换的有效分配和循环效率的提升，低自然资源资产负债、高社会经济价值的用地类型将是未来生态用地开发的一种思维模式。

4.3.3 将社会支持力纳入资源环境承载力优化提升与评估过程

资源环境承载力的大小不仅与本地的自然资源环境有关，也与本地的法规、政策等社会支持力有关。例如，政府从外地调水，就是缓解本地水资源承载力超载的一种行为，是为资源环境承载力提供社会支持力的一种重要手段。又如，政府通过碳交易对本地的碳排放进行生态补偿，就是缓解本地的森林服务功能超载的一种行为，也是为资源环境承载力提供社会支持力的一种重要手段。还有通过建立污水处理厂和限制污水产生与排放来改善水质，既能够提升水环境的承载力，也能为资源环境承载力提供社会支持力。本节将从已有的实例出发，从水资源承载力、森林资源承载力、水环境承载力和其他资源环境承载力这四个方面对资源环境承载力的社会支持力进行概述，旨在为今后政府部门在预防和解决承载力超载问题的过程中提供一些技术和思路方面的参考。

1. 水资源承载力的社会支持力

水资源短缺已经成为制约许多国家和地区社会经济可持续发展的瓶颈问题。造成水资源短缺的重要原因之一，是水资源利用政策未得到有效实施，加剧了水资源的危机。保证水环境能够支撑生态系统的良性循环，控制水资源的开发利用不超过其承载能力，促进社会经济持续发展，是学术界和管理者亟待解决的问题。

1）水资源承载力的社会支持力的相关案例

为了合理有效地开发利用城市水资源，国家有关部门颁布了相关政策法规。近年来，中国政府陆续发布了《全国水资源综合规划》（2010 年）、《2011 年中央 1 号文件》、《国务院关于实行最严格的水资源管理制度的意见》（2012 年），将水资源管理上升到国家战略层次，期望通过实施宏观政策调控、具体水资源管理措施，优化水资源配置、强化节水，达到改变长期历史中形成的浪费和低效用水行为、全面建设节水型社会的目标。例如，国务院要求，要逐步构建国家水资源调配体系，加快“南水北调”东、中线一期工程及配套工程建设，适时开展西线工程前期研究；在保护生态环境和充分论证的前提下，适当建设一些区域性水资源调配工程和必要的水库工程；完善水资源调度体系，加强水库优化调度和梯级水库水资源联合调度，重视生态用水调度；合理配置水资源，提高对重点区域、城市和粮食主产区的供水保障能力；要加强水资源保护与河湖生态修复，严格执行入河湖排污口登记和审批制度，加强对排污口的监督管理；加强重要水源地保护，完善水源地突发水污染事件应急预案；有效保护地下水资源，逐步削减地下水超采量，实现采补平衡；协调好生活、生产和生态环境用水，保障河湖基本生态环境用水。

深圳市人民政府办公厅关于印发《深圳市实行最严格水资源管理制度的意见的通知》指出，到 2015 年，全市水资源管理主要目标达到广东省下达的指标要求，即全市用水总量控制在 19 亿 m^3 以内（包括工业、农业及生活用水），地下水开采量控制在 0.1 亿 m^3 以内，工业和生活用水量控制在 17.6 亿 m^3 以内；万元 GDP 用水量控制在 15m^3 以内，万元工业增加值用水量控制在 10m^3 以内；水功能区水质达标率提高到 72%以上，主要饮用水源地水质达标率达到 100%，跨界河流交接断面水质达标率达到广东省考核要求。到 2020 年，将全面建立和实行最严格水资源管理制度，水资源配置格局科学合理，用水效率和效益显著提高，水环境质量明显改善，供水保障能力大幅提升。这些要求无疑是为了最大限度提高当地资源环境承载力，以支持经济社会平稳发展。

2）为水资源承载力提供社会支持力的措施及建议

政府调水的政策总体概括为“节流、治污、开源”三个重要环节。核心政策一般分为以下几项。

（1）实施应急供水工程。例如，从2003年开始，北京市分别启动了怀柔、平谷、张坊和“南水北调”等应急供水工程，从而部分增加了水资源可供应量，亦改变了水资源承载力的基线。直至2010年，“南水北调”中线工程每年可向北京供水 $10\times10^8m^3$。应急供水工程实施后，北京市水资源承载力三个指标均大幅度增加（范英英等，2005）。乌鲁木齐市政府相应实施了类似的一系列措施，主要有：实施“引额济乌”工程；修建大西沟水库枢纽工程和分洪补湖工程等，同样取得了非常好的效益。而深圳市政府2013年也指出，完善水源供水网络体系，即加快建立“三纵四横”的水资源网络体系，即东部引水工程、东深供水工程和西江引水工程的“三纵”工程，以及北环输水干线、供水网络干线、北部引水干线和东西部水源连通工程的“四横”工程。立足东江、着眼西江，开展东江引水三期、西江引水等引调水骨干工程前期研究，加快推进公明、清林径“两大水缸”和盐田、坂雪岗等水源支线及小型水库联网工程建设，有效提高水源调配能力和应急备用水源储备能力，使全市水源应急保障能力提高到三个月左右。这些举措无疑会极大提高深圳市水资源承载力。

（2）推进再生水回用。例如，北京市将建成的清河、北小河、卢沟桥、小红门等多家中水厂，再生水回用率将达到 50%。由于再生水回用能代替部分清洁水源，间接提高水资源的可供应量，也就提高了水资源承载力。

（3）调整工业产业结构。在有些地区，工业产业结构调整是所有政策中对水资源承载力影响最大的。通过产业结构调整来降低工业万元产值耗水量，可增强水资源的承载力，加快电子信息业和生物工程与医药产业等极低耗水的高技术密集型产业发展，保证中低耗水的都市型工业、制造业和汽车行业平稳发展，适当限制石化、电力和冶金等高耗水行业，保证经济发展与水资源持续利用协调平衡。

（4）发展农业节水灌溉。农业用水在区域总用水量中占较大比例。国际上公认，作物产量与需水量存在非线性关系，灌溉节水的潜力50%在管理方面，提高灌溉节水率对产量的实际影响不大，但能达到水资源高效利用的目的。许多城市实施农业节水灌溉后，减少了万元农业产值耗水量，城市可承载的工农业生产总值及非农业人口数都明显增加。

（5）提高用水价格：当水费支出占居民家庭收入的 2%以下时，对居民心理影响很小，亦导致用水浪费现象发生；占 2%～2.5%时将引起重视，居民开始关心用水量；占 5%时则会有较大影响，并注意认真节水。通过价格机制促进节水可提高全民节水意识，共同为提高当地水资源承载力做贡献。

总之，政府应根据当地水资源存量和用量的实际情况，综合采取多种措施，多方行动，提高调水硬件设备水平，调整产业结构，引领居民节水及高效利用水，力求提高水资源资源环境承载力，使宝贵的水资源能更好地服务于当地经济社会生态发展。

2. 森林资源承载力的社会支持力

森林生态补偿是以保护生态和环境、维护人与自然和谐为目的，按照森林生态服务价值、保护成本及发展机会成本，运用政府和市场手段，调节生态环境相关者之间利益关系的制度安排（曾以禹等，2014）。它是促进生态恢复与保护，实现生态文明建设目标的一项重要制度安排。森林生态补偿从广义层面来讲，就是对森林生态环境本身的补偿，对个人或区域保护森林生态环境的行为进行补偿，对具有重要生态环境价值的区域或对象的保护性投入（不仅包括公益林生态补偿，而且还包括林业重点工程、森林病虫害防治、森林防火等）。从狭义角度来看，它就只包括目前进行的公益林森林生态效益补偿基金制度所涵盖的内容，退耕还林、天然林保护、生态公益林建设等都属于生态补偿的一部分（李文华等，2006）。

1）森林资源承载力的社会支持力的相关案例

我国的森林生态补偿制度，自 20 世纪 80 年代后期开始进行研究。1998 年修正的《中华人民共和国森林法》，正式确立了“国家设立森林生态效益补偿基金，用于提供生态效益的防护林和特种用途林的森林资源、林木的营造、抚育、保护和管理”的法律制度。2004 年，国家林业局和财政部联合发布了《中央森林生态效益补偿基金管理办法》，并于 2007 年进行了再次修订，制定了《中央财政森林生态效益补偿基金管理办法》。

2009 年，财政部、国家林业局联合出台了新修订的《中央财政森林生态效益补偿基金管理办法》。中央财政补偿基金依据国家级公益林权属实行不同的补偿标准，国有的国家级公益林平均补助标准为每年每亩 5 元，其中管护补助支出 4.75 元，公共管护支出 0.25 元；集体和个人所有的国家级公益林补偿标准为每年每亩 10 元，其中管护补助支出 9.75 元，公共管护支出 0.25 元。2013 年，集体和个人的国家级公益林的补偿标准提高为每亩每年 15 元，全国总补偿金额达到 149.3 亿元。2013 年补偿金额大约是 2001 年建立之初的 15 倍（张媛和支玲，2014）。

地方公益林分为省级公益林、州（市）级公益林和县（区）级公益林，具体区划界定由县级以上人民政府组织，林业行政主管部门会同财政部门实施。2011 年，云南省省级集体公益林的补偿标准提高到每亩每年 10 元；2012 年广东省将省级生态公益林补偿标准统一提高为每亩每年 18 元。

目前国内的森林生态补偿标准的制定十分单一，补偿范围不够健全，补偿标准也过低，不能真实反映森林的实际生态效益；森林生态补偿方面的专门法律法规依然非常缺乏；目前的森林生态补偿基本上全部由政府补偿，形式过于单一，在补偿标准需要不断提升和政府财政支出紧张的现实情况下，市场机制的建立显得尤其重要。

近年来，国际上基于碳交易的森林生态补偿市场化机制发展较快，创新出碳交易、生物多样性银行、生态标签等手段，据不完全统计，2007 年美国森林生态服务付费总金额中有 81%来自市场机制，较好地保护了林业主体的生存权，促进了市场主体的发展权，也维护了生态环境的环境权。目前，我国北京、上海、天津、重庆、广东和湖北等 6 个省（直辖市）陆续启动碳交易试点市场，利用市场资金补偿林业生态建设，发挥好市场化机制的“市场信号”突出优势，解决好财政机制下生态服务提供者和使用者之间供需“不挂钩”的弊端，为我国市场化机制促进森林生态补偿的制度探索经验。目前，碳交易都采取总量限额的配额管理模式，交易气体都是 CO_2，交易主体略有不同，有的为 CO_2 年排放 2 万吨及以上的单位（如广东），有的为 1 万吨及以上的单位（如上海）。从参与数量看，各地略有差异，北京覆盖约 200 家，上海约 190 家，广东约 442 家。市场交易标的为 CO_2 直接排放权和间接排放权，以及由中国温室气体自愿减排交易活动产生的中国核证减排量（CCER）。市场都主要以配额为主线，通过配额分配和管理，对企业排放进行管理。分配根据行业基准水平、减排潜力和企业历史排放水平，采用基准线法、历史排放法等方法确定。在前两年一般采取免费分配，以后逐步增加拍卖分配的数量。管理主要是排放单位超出配额许可范围进行排放的，相关部门可根据违规碳排放量，按照市场均价的 3～5 倍予以处罚。我国试点碳市场补偿林业生态建设的模式，都采取基线信用抵消间接机制。6 省（直辖市）的碳市场纳入林业的唯一接口是，允许碳汇项目通过核证后获得的中国核证减排量（CCER）入市交易。但一般都有上限，北京是 5%，广东是 10%，上海为 5%，同时，北京规定 5%中，本市辖区内项目获得的核证自愿减排量须达 50%以上；广东规定 10%中的 70%需来自本省核证项目（张媛和支玲，2014）。林业纳入碳市场的法律依据是《中国温室气体自愿减排交易活动管理办法》。

2）为森林资源承载力提供社会支持力的措施及建议

（1）结合我国建设资源节约型、环境友好型社会和节能减排的工作需要，继续淘汰落后产能，并尽快开始研究制定国家低碳经济发展战略，加强立法确保碳交易有法可依，且领导担子只能压在政府身上。同时需强化和建立节能减排的干部考核机制，开展社会经济发展碳排放强度评价和标准，指导和引领政府、企业、居民的行动方向及行为方式。

（2）通过构建碳交易市场，加快低碳技术的研发。建立以市场为导向、以企业为主体的产学研结合的技术创新体系；实施低碳人才战略，吸引国内外专家、企业家参与低碳研发和创业，提高人才待遇，建立业绩导向的人才评价机制，加大低碳知识产权保护力度。此外，要鼓励省域高校率先增设低碳产业、金融、城市等专业，以培养高级专业人才。

（3）建立我国碳基金和生态补偿金制度。例如，某省的碳源总量高于碳汇总量，应按超出部分的比例，支付现金到中国碳基金管理机构，并用于补偿碳汇贡献大的地区、推行国家 CDM 计划、节能减排的技术创新等；某省碳源总量低于碳汇总量，可按比例数额对其实施生态补偿、鼓励生态保护和增加碳汇。

（4）健全生态环境补偿投融资体制。构建完善的低碳融资体系；健全政策性投资基金，建立低碳政策性金融机构；引导国际与北京、上海、深圳民间风险投资进入本地低碳市场，助推本地低碳企业到创业板上市。改变财政转移支付制度等由政府买单支付的单一模式，建立地方、民间、企业和个人等多种融资体制，为中央实施全局性的生态补偿制度提供稳定和可持续的资金来源。通过建立生态补偿捐助机构、发行生态补偿彩票等途径多方位进行资金筹措。

3. 水环境承载力的社会支持力

污水治理关系到城市管理、生态环境优化，对建设美丽中国有着至关重要的意义，还能促进水资源循环利用，提高当地水资源生态城承载力。河流湖泊是水资源的重要存储单元，其污染程度及污染数量会极大地影响当地的水资源供应、居民生产生活质量及生物生命健康，需引起政府的极大重视，也是政府处理当地污水、提高区域水资源质量的重要一环。

据媒体报道，一些城市的污水处理能力不足，普遍处于“超负荷”运转状态，部分生活污水只能直排湖河。加上污水处理排放标准偏低，使部分污水处理厂超标排放成为“污染源”。早在 2009 年，环保部监测的 1587 家国控城镇污水处理厂中，就有 47%的污水处理厂全年部分或全部测次超标。污水处理厂本应是对污水进行集中处理、治理的环保阵地，但排放水质的一些指标不合格，使得部分污水处理厂沦为“污染源”，严重影响城市环境和居民生产生活，也暴露出背后的双重缺失。

1）水环境承载力的社会支持力相关实例

《地表水环境质量标准》是由国家环境保护总局于 2002 年颁布的，旨在贯彻《中华人民共和国环境保护法》和《中华人民共和国水污染防治法》，加强地表水环境管理，防治水环境污染，保障人体健康。依据地表水水域环境功能和保护目标，按功能高低依次划分为 5 类。Ⅰ类主要适用于源头水、国家自然保护区；Ⅱ类主要适用于集中式生活饮用水地表水源地一级保护区、珍稀水生生物栖息地、鱼虾类产场、仔稚幼鱼的索饵场等；Ⅲ类主要适用于集中式生活饮用水地表水源地二级保护区、鱼虾类越冬场、洄游通道、水产养殖区等渔业水域及游泳区；Ⅳ类主要适用于一般工业用水区及人体非直接接触的娱乐用水区；Ⅴ类主要适用于农业用水区及一般景观要求水域。对应地表水上述 5 类水域功能，将地表水环境质量标准基本项目标准值分为 5 类，不同功能类别分别执行相应类别的标准值。水域功能类别高的标准值严于水域功能类别低的标准值。《地表水环境质量标准》是我国水环境管理的重要工具，可作为评估水环境承载力是否超载的重要依据。

《深圳市实行最严格水资源管理制度的意见》就解决水污染问题划定了“红线”，即未来一段时期，深圳将完善入河排污口监督管理体系，严格入河排污口设置审批、登记监管。严格按照水功能区划和地表水环境功能区划的水质目标要求，确定入河排污总量指标，开展入河排污口整治工作。同期，深圳将加强对饮用水源地的保护力度，全面取缔饮用水源保护区排污口，加快完成一级水源保护区隔离围网工程建设，并建立和完善饮用水源地水质监测体系。

广州西朗污水处理厂位于广州市芳村区南部，是广州市政府为保护珠江、控制及减少对珠江的污染而鼓励兴建的 4 个污水处理厂之一，是广东省重点市政基础设施建设项目。西朗项目于 1998 年启动，2003 年建成，2007 年宣布全面启用，总占地面积 311 908m^2，总规模日处理污水量 40 万 m^3；一期占地面积 113 033m^2，日处理污水量 20 万 m^3。自 2000 年以来，西朗项目连续几年被列为广东省、广州市的重点建设项目，一直得到政府各有关部门和领导的高度重视和大力支持。2000 年 7 月，广州市京水水务有限公司通过竞标，获得了广州市西朗污水处理厂 17 年运营维护的总承包合同。根据总承包合同的规定，该公司负责营运和维护保养日处理能力为 20 万吨的西朗污水处理厂及与之相配套的 40km 污水管线、四座污水泵站。2003 年 10 月底，西朗污水项目工程基本建成并投入通水调试，2004 年 4 月 30 日投入污水试运行。到 2008 年年底，西朗污水工程项目实现连续三年全达标排放，并取得 2008 年全国城镇污水处理厂绩效评比“十佳”殊荣。西朗污水处理厂采用改良 A2/O 工艺，具有较好的脱磷除氮功能。项目的建成运营，有效地收集和处理了芳村区全部污水及海珠区部分污水，改善了珠江广州河段的水体，保护广州市西村水厂、石门水厂、小洲水厂和石溪水厂取水点的水质，优化投资环境，从而提高广州人民的生活质量，产生良好的环境效益、社会效益。

合肥市王小郢污水处理厂是安徽省第一座大型城市污水处理厂。项目分两期建设，日处理能力合计 30 万吨，建设总投资约 3.2 亿元。污水处理厂建成后曾获得市政鲁班奖，是建设部指定的污水处理培训基地和亚行在中国投资的“示范项目”，为巢湖污染综合治理发挥了重要作用。而该项目的实施正是经过公开招标确定的中标人依法成立项目公司。市建委与项目公司签署《特许权协议》，代表市政府授予项目公司污水处理厂的特许经营权，特许期限 23 年，合肥城建投公司与项目公司签署《资产转让协议》，落实项目转让款的支付和资产移交事宜，市污水处理管理处与项目公司签署《污水处理服务协议》，结算水费并进行监管。

2）为水环境承载力提供社会支持力的措施及建议

面对污水处理不利的困境，主要从以下两个方面着手为水环境承载力提供社会支持力。

一是提高国家污水处理排放标准。现行《城镇污水处理厂污染物排放标准》还是 15 年前制定的，其最高水准的一级 A 排放标准也仅仅相当于《地表水环境质量标准》中地表水劣 5 类，属于不可直接利用甚至接触的污水。尽管现在的污水处理工艺已经可以将出水水质提高到地表水 4 类甚至 3 类，但由于国家标准偏低，使许多污水处理厂安于现状，改造技术的积极性不高。大量污水经过处理厂“走”一圈，往往只是拦截了杂物，在排放城市水体后带来了“二次污染”。只有在政策制度层面加强对水资源质量管理和污水排放的严格控制，才能有效遏制企业工业污水肆意排放，进而对当地水环境的破坏。

二是要在强化政府责任的基础上，完善污水处理的市场化融资，吸纳更多的社会资本参与环保。例如，广州市的西朗污水处理厂，通过政府鼓励融资的措施，成功获得社会资本的支持，并在污水处理方面取得巨大成效。

总之，政府宏观调控，通过实施可靠、有效的投资承诺和鼓励政策吸引社会资本进入污水处理行业，并保证污水处理企业正常、持续地运营；通过引入竞争机制和推行激励性监管，促使污水处理行业提高效率；充分发挥价格机制的作用引导消费者节约用水，有效率地使用污水处理服务。通过一系列污水处理政策，水环境承载力将得到很大提高。

4. 其他资源环境承载力的社会支持力

1）能源资源承载力的社会支持力

节能减排是我国的基本国策之一，是有效缓解能源资源、空气环境和水环境承载力压力的有效手段。在节能减排的国策下，政府推行了一系列的政策措施，包括财政税收倾斜、引导鼓励节能减排技术或体制创新、加强污染项目的行政审批等（张国兴等，2014）。清洁生产技术体系、产业升级、优化能源利用结构、提高公共交通普及率就是在节能减排政策导向下提出的（马妍等，2010；张国兴等，2014）。我国政府从 20 世纪 80 年代开始就采取了大量措施，并在“十一五”期间首次规定了单位 GDP 能耗降低 20%左右、主要污染物排放总量减少 10%的约束性指标，以及在“十二五”时期制定了单位 GDP 能耗下降 16%、主要污染物排放总量下降 8%～10%的节能减排目标，这些行动的实施，使得我国在“十一五”期间，单位 GDP 能耗下降了 19.1%，SO_2 和 COD 排放总量分别下降了 14.29%和 12.45%，在 2012 年，单位 GDP 能耗下降了 3.6%，SO_2 和 COD 排放总量分别下降了 4.52%和 3.05%（张国兴等，2014）。可见节能减排相关政策为资源环境承载力提供了有效的社会支持，极大缓解了能源资源、空气环境和水环境承载力压力。

2）土地资源承载力的社会支持力

划定生态保护红线是在党的十八届三中全会提出的优化提升资源环境承载力的又一重大举措（杨邦杰等，2014）。由于不同区域的资源环境承载力存在不同强项和弱项，将区域根据其关键的资源环境因子的承载力特点进行划分，界定开发和保护的界限，可以为国土空间的优化利用提供参考依据（杨邦杰等，2014）。管控红线主要包括以下四个类别：耕地保护红线、城市发展红线、水资源保护红线和生态保育红线。目前，水利部已划定水资源三大红线，国土资源部严守 18 亿亩耕地红线，国家林业局启动了生态红线保护行动。2014 年初，环境保护部印发了《国家生态保护红线——生态功能红线划定技术指南》。全国范围的“生态红线”的绘制工作也于 2016 年正式启动。划定生态保护红线，对维护国家生态安全、保障人民生产生活条件、增强国家可持续发展能力具有重大现实意义和深远历史影响。

主要参考文献

陈百明, 黄兴文. 2003. 中国生态资产评估与区划研究[J]. 中国农业资源与区划, 24(6): 20-24.

陈玥, 杨艳昭, 闫慧敏, 等. 2015. 自然资源核算进展及其对自然资源资产负债表编制的启示[J]. Resources Science, 37(9): 1716-1724.

戴尔阜, 王晓莉, 朱建佳, 等. 2015. 生态系统服务权衡/协同研究进展与趋势展望[J]. 地球科学进展, 30(11): 1250-1259.

范英英, 刘永, 郭怀成, 等. 2005. 北京市水资源政策对水资源承载力的影响研究[J]. 资源科学, 27(5): 113-119.

龚辉文. 2011. 自然资源永续利用的条件与税收的作用——关于“节能减排”税收政策的理论思考[J]. 环境经济, (1): 49-56.

郭兴芬, 高敏华, 张小娟. 2012. 乌鲁木齐城市化发展对水资源的影响[J]. 安徽农学通报, 18(11): 119-122.

黄宁生, 匡耀求. 2000. 广东相对资源承载力与可持续发展问题[J]. 经济地理, 20(2): 52-56.

李双成, 张才玉, 刘金龙, 等. 2013. 生态系统服务权衡与协同研究进展及地理学研究议题[J]. 地理研究, 32(8): 1379-1390.

李文华, 李芬, 李世东, 等. 2006. 森林生态效益补偿的研究现状与展望[J]. 自然资源学报, 21(5): 677-688.

李泽红, 董锁成, 汤尚颖. 2008. 相对资源承载力模型的改进及其实证分析[J]. 资源科学, 30(9): 1336-1342.

刘伟伟. 2014. 自然资源资产离任审计浅析[J]. 商, (36):130.

刘文英, 姜冬梅, 陈云峰, 等. 2005. 自组织理论与复合生态系统可持续发展[J]. 生态环境学报,

14(4): 596-600.
马妍，白艳英，于秀玲，等. 2010. 中国清洁生产发展历程回顾分析[J]. 环境与可持续发展, 35(1): 40-43.
牛文元. 2012. 中国可持续发展的理论与实践[J]. 中国科学院院刊, 27(3): 280-290.
孙志梅，李秀莲，高强. 2016. 自然资源资产负债表理论基础与目标定位[J]. 新会计, (1): 26-27.
王兵. 2011. 广东省森林生态系统服务的能源估测. 北京：中国林业出版社.
王书华，毛汉英. 2001. 土地综合承载力指标体系设计及评价——中国东部沿海地区案例研究[J]. 自然资源学报, 16(3): 248-254.
谢高地，鲁春霞，冷允法，等. 2003. 青藏高原生态资产的价值评估[J]. 自然资源学报，18(2): 189-196.
熊德国，鲜学福，姜永东. 2003. 生态足迹理论在区域可持续发展评价中的应用及改进[J]. 地理科学进展, 22(6): 618-626.
姚霖，余振国. 2015. 自然资源资产负债表基本理论问题管窥[J]. 管理现代化, 35(2): 121-123.
臧蕾，刘伟，李祚泳. 2012. 基于 RBF 的指标规范值的水资源承载力评价模型[J]. 安徽农业科学, 40(4): 2166-2167.
张国兴，高秀林，汪应洛，等. 2014. 中国节能减排政策的测量、协同与演变——基于 1978-2013 年政策数据的研究[J]. 中国人口·资源与环境, 24(12): 62-73.
张立伟，傅伯杰. 2014. 生态系统服务制图研究进展[J]. 生态学报, 34(2): 316-325.
张媛，支玲. 2014. 我国森林生态补偿标准问题的研究进展及发展趋势[J]. 林业资源管理，(2): 15-20.
郑华，李屹峰，欧阳志云，等. 2013. 生态系统服务功能管理研究进展[J]. 生态学报，33(3): 702-710.
周煜苓. 2007. 绿色 GDP 核算与可持续发展[J]. 科技、经济、市场, (6): 119-121.
封志明，杨艳昭，李鹏. 2014. 从自然资源核算到自然资源资产负债表编制[J]. 中国科学院院刊, 29(4): 449-456.
曾以禹，吴柏海，周彩贤，等. 2014. 碳交易市场设计支持森林生态补偿研究[J]. 农业经济问题, 35(6): 67-76.
高敏雪. 2015. 统计专家：自然资源资产负债表核算范围需进一步扩大[EB/OL]. [2015-11-24]. http://news.xinhuanet.com/fortune/2015-11/24/c_128463014.htm.
谷树忠. 2015. 加强统计基础工作 推进自然资源资产负债表编制[EB/OL]. [2015-11-24]. http://finance. people.com.cn/n/2015/1124/c1004-27850375.html.
孙晶波，李玮. 2006. 森林资源资产评估理论，方法在实践中的探索[J]. 林业科技情报，38(2): 1-2.
杨邦杰，高吉喜，邹长新. 2014. 划定生态保护红线的战略意义[J]. 中国发展, 14(1): 1-4.
蔡春，毕铭悦. 2014. 关于自然资源资产离任审计的理论思考[J]. 审计研究, (5): 3-9.

宋庆丰，牛香，王兵. 2015. 基于大数据的森林生态系统服务功能评估进展[J]. 生态学杂志，34(10): 2914-2921.

Costanza R, Cumberland J H, Daly H, et al. 2015. An Introduction to Ecological Economics. 2nd Edition[M]. Boca Raton: CRC Press.

Costanza R, de Groot R, Sutton P, et al. 2014. Changes in the global value of ecosystem services[J]. Global Environmental Change, 26: 152-158.

Costanza R. 2008. Ecosystem services: Multiple classification systems are needed[J]. Biological Conservation, 141(2): 350-352.

Eigenbrod F, Armsworth P R, Anderson B J, et al. 2010. The impact of proxy-based methods on mapping the distribution of ecosystem services[J]. Journal of Applied Ecology, 47(2): 377-385.

Felardo J, Lippitt C D. 2016. Spatial forest valuation: The role of location in determining attitudes toward payment for ecosystem services policies[J]. Forest Policy and Economics, 62: 158-167.

Freeman Ⅲ A M, Herriges J A, Kling C L. 2014. The Measurement of Environmental and Resource Values: Theory and Methods. 3rd Edition[M]. America: RFF Press.

Gómez-Baggethun E, Ruiz-Perez M. 2011. Economic valuation and the commodification of ecosystem services[J]. Progress in Physical Geography, 35(5): 613-628.

Haines-Young R, Potschin M. 2010. The links between biodiversity, ecosystem services and human well-being[J]. Ecosystem Ecology: a new synthesis, 110-139.

Imhoff M L, Bounoua L, Ricketts T, et al. 2004. Global patterns in human consumption of net primary production[J]. Nature, 429(6994): 870-873.

Jeff Bennett. 2001. The International Handbook on Non-Market Environmental Valuation[M]. Edward Elgar: Cheltenham, UK.

Kareiva P, Tallis H, Ricketts T H, et al. 2011. Natural Capital: Theory & Practice of Mapping Ecosystem Services[M]. New York, USA: Oxford University Press.

Landuyt D, Broekx S, D'hondt R, et al. 2003. A review of Bayesian belief networks in ecosystem service modelling[J]. Environmental Modelling & Software, 46: 1-11.

Millennium Ecosystem Assessment (MA). 2013. Ecosystems and Human Well-being: A Framework for Assessment[M]. Washington DC, USA: Island Press.

Naidoo R, Balmford A, Costanza R, et al. 2008. Global mapping of ecosystem services and conservation priorities[J]. Proceedings of the National Academy of Sciences, 105(28): 9495-9500.

Power A G. 2010. Ecosystem services and agriculture: tradeoffs and synergies[J]. Philosophical Transactions of the Royal Society B: Biological Sciences, 365(1554): 2959-2971.

Van Der Biest K, D'hondt R, Jacobs S, et al. 2014. EBI: An index for delivery of ecosystem service bundles[J]. Ecological Indicators, 37: 252-265.

Van der Ploeg S, de Groot D, Wang Y. 2010. The TEEB Valuation Database: overview of structure, data and results[M]. Wageningen, the Netherlands: Foundation for Sustainable Development.

Van Jaarsveld A S, Biggs R, Scholes R J, et al. 2005. Measuring conditions and trends in ecosystem services at multiple scales: the Southern African Millennium Ecosystem Assessment (SAfMA) experience[J]. Philosophical Transactions of the Royal Society of London B: Biological Sciences, 360(1454): 425-441.

Worm B, Barbier E B, Beaumont N, et al. 2006. Impacts of biodiversity loss on ocean ecosystem services[J]. Science, 314(5800): 787-790.

第 5 章　深圳市罗湖区实例研究

5.1　区域资源环境现状分析

5.1.1　自然与社会经济概况

广东省深圳市罗湖区位于深圳经济区中部，是深圳经济特区开发最早的城区，闻名全国的“深圳速度”在这里诞生。明代时，罗湖一带在村落间建起了城市，名为“深圳墟”，清代时因为罗湖山而得名，中华人民共和国成立后，建立了宝安县深圳镇和附城公社，1979 年宝安县改为深圳市，罗湖区于同年 10 月正式组建。在这片最先沐浴改革开放春风的热土上，创造了三天一层楼的“深圳速度”，诞生了全国第一家证券交易所、第一家地方商业银行，更孕育出了敢闯敢试、敢为天下先的改革创新精神。经过几十年的发展，罗湖已经成为了深圳市的金融中心、商贸中心、文化娱乐旺区和全国最大的黄金珠宝首饰加工基地，城市功能不断增强，“功能罗湖”的集聚和辐射效应日益显现。

1. 自然环境特征

罗湖区位于深圳经济特区中部，东起莲塘，与盐田区相邻；西至红岭路，与福田区相连；南邻罗湖桥，与香港毗邻；北到特区管理线公路，与龙岗区布吉镇、沙湾村相连；地理坐标为东经 114°04′～114°21′，北纬 22°31′～22°40′。辖区面积 $78.75km^2$，其中建成区面积为 $34.74km^2$，其余的主要为深圳水源保护区和梧桐山森林保护区。城市建设用地面积 $34.19km^2$（图 5-1）。

罗湖区地势东北高、西南低，多为丘陵山地和冲积小平原，海拔高度 943m 的梧桐山坐落在辖区东部，有横岗—罗湖断裂带通过。罗湖区的主要土壤类型为赤红壤、红壤和山地黄壤，成土母岩多为花岗岩和砂页岩。赤红壤是主要地带性土壤，分布在海拔 300m 以下的丘陵、岗地和山坡地，是面积最多、分布最广、利用潜力较大的土壤类型，包括花岗岩赤红壤、砂页岩赤红壤、侵蚀赤红壤和耕型赤红壤等 4 个亚型；红壤主要分布在海拔 300～600m 的山地中上部，包括花岗岩红壤和砂页岩红壤 2 个亚型；山地黄壤属于垂直地带性土壤，主要分布在海拔 600m 以上的山地。

图 5-1　2014 年罗湖区遥感图（图片来源：深圳市环境科学研究院）（扫码见彩图）

罗湖区地处南亚热带沿海地区，属亚热带季风气候。多年（1981～2010 年）平均气温为 23℃，平均最高气温 26.8℃，平均最低气温 20.3℃，年降水量约 1936mm，雨日 98 天，年均相对湿度 74%，年均日照时数 1838h。夏季多受季风低压、热带气旋所影响，盛行东南偏东风，高温多雨；其余季节多受极地冷高压脊控制，盛行东北季风，天气较为干燥。

罗湖区现有流域面积大于 10km^2 的河流 6 条、水库 8 座及滞洪区 1 座［参考《深圳年鉴》(2015)］。自西向东分别有深圳河、笔架山河、布吉河、深圳水库排洪河、梧桐山河及莲塘河 6 条河流。区域内已经建有中型水库 1 座，即深圳水库，总库容 4465 万 m^3；小型水库 7 座，分别为银湖水库、横沥口水库、大坑水库、小坑水库、金湖水库上库、金湖水库下库及仙湖水库下库，总库容为 287.83 万 m^3；滞洪区 1 座，为笋岗滞洪区，位于布吉河下游，总库容 250.6 万 m^3。

2. 社会经济状况

罗湖区是深圳市最重要的商贸、金融、信息与物流中心，区内云集了各类工商企业 3 万家，辖区社会消费品零售总额占全市的 2/3，截止到 2013 年，罗湖区本地生产总产值 1487.53 亿元，比上年增长 9.2%。其中，第一产业总产值 1060 万元，比上年下降 33.8%；第二产业总产值 108.24 亿元，比上年增加 7.8%，对 GDP 的贡献率为 6.7%；第三产业总产值为 1379.18 亿元，比上年增长 9.3%，对 GDP 的贡献率为 93.4%；第三产业中，金融业和批发零售业为主要增长点。国民经济三产业的比例为 0.0∶7.3∶92.7。按照常住人口计算，人均 GDP 为 158 421 元，城市居民人均可支配收入 46 418 元，比上年增长 9.4%，在岗职工年均工资 87 037 元，城市居民家庭恩格尔系数为 36.6。社会消费品零售总额 924.38 亿元，比上年增长

10.7%。固定资产投资总额 86.15 亿元，增长 5.6%；实际利用外商直接投资 8.61 亿美元；出口总额为 246.13 亿美元；增长 2.2%，占全市出口总额的 8.05%。地方公共财政预算收入为 60.08 亿元，增长 7.3%。全年万元 GDP 建设用地为 $2.3m^2$，水耗为 $8.3m^3$，电耗为 277.9kW·h。

全区星级酒店 46 家，其中，五星级 5 家，四星级 4 家，三星级 27 家，二星级 10 家。全年接待游客 534.31 万次，入境游客 88.58 万人次，比上年下降 0.92%。全年旅游总收入达到 14.5 亿元，比上年增长 6.68% [参考《深圳年鉴》(2015)]。

全区 2013 年年末各险种参保人数 348.88 万人次，其中参加基本养老保险 99.58 万人；参加医疗保险人数 79.62 万人；工伤保险人数 57.61 万人；失业保险人数 56.64 万人；生育保险人数 55.43 万人。城镇居民最低工资标准为每月 1600 元，最低生活保障标准为每月 530 元，与上年相比，下降了 5.3%。享受国家定期救济的人数为 909 人。

2013 年年末罗湖区含有公园 128 个，与上年持平，城市园林绿地面积为 $4945.1hm^2$，城市绿化覆盖率为 64.5%，人均公共绿地面积为 $16.2m^2$；设有垃圾转运站 56 个；公共厕所 48 个，比上年增加 3 个。全年处理垃圾 38.2 万吨，下降 1%，全区城市生活垃圾无害化处理率 100%。

5.1.2　资源环境现状特征

1. 生物资源现状

罗湖区林地、城市绿地和农用地等生态资源的覆盖面积为 $5165.5hm^2$，城市绿化覆盖率为 55.29%，森林覆盖率为 50.1%，同比增加 4% [参考《深圳年鉴》(2015)]。罗湖区野生动植物资源丰富，主要分布在罗湖区梧桐山风景区内，野生植物 240 科 1419 种，其中苔藓植物 42 科 86 种，蕨类植物 30 科 109 种，裸子植物 5 科 9 种，被子植物 163 科 1219 种（贾渝等，2001；董仕勇等，2005；张玲等，2006）。梧桐山风景区有各类资源植物 968 种，其中药用植物 359 种，油脂植物 150 种，蜜源植物 114 种，材用植物 42 种，还有大量的食用、园林绿化等资源植物，有国家一级重点保护的桫椤（*Alsophila spinulos*），二级保护的红皮油茶（*Camellia oleifera*）、大苞山茶（*Camellia granthamiana*）、茶（*Camellia sinensis*），三级保护的穗花杉（*Amentotaxus argotaenia*）、白桂木（*Artocarpus hypargyreus*）、粘木（*Ixonanthes chinensis*）等珍稀濒危植物（许建新等，2009a；许建新等，2009b）。

据不完全统计，分布在罗湖区梧桐山风景区内的野生动物有 39 目 151 科 293 种，其中，哺乳动物 24 种，隶属于 7 目 11 科 17 属。翼手目 10 种，占 41.7%；

啮齿目 7 种，占 29.2%；食虫目和食肉目各 2 种，占 16.7%；灵长目、鳞甲目和偶蹄目各 1 种，占 12.5%（李锋等，2014；陶青等，2015；温健等，2015）。国家Ⅱ级重点保护野生动物 2 种；“三有”名录物种 4 种；《濒危野生动植物种国际贸易公约》（CITES）附录Ⅱ物种 3 种；被列入《中国濒危动物红皮书》的物种 6 种；《中国物种红色名录》濒危物种 1 种，易危物种 3 种，近危物种 7 种；东洋型 17 种，古北型和南中国型各 3 种。昆虫 166 种，隶属 17 目 98 科，种类占优势的目有 6 个，分别为：鳞翅目 17 科 36 种、半翅目 15 科 32 种、鞘翅目 21 科 31 种、膜翅目 13 科 17 种、直翅目 7 科 15 种和双翅目 11 科 14 种，分别占所采集昆虫种类的 21.69%、19.28%、18.67%、10.24%、9.04%和 8.43%（贾凤龙等，2000；余甜甜，2016）。鸟类 13 目 35 科 135 种，优势种类为红耳鹎（*Pycnonotus jocosus*）、小白腰雨燕（*Apus affinis*）、暗绿绣眼鸟（*Zosterops japonicus*）、白头鹎（*Pycnonotus sinensis*）、丝光椋鸟（*Sturnus sericeus*）、叉尾太阳鸟（*Aethopyga christinae*）、树麻雀（*Passer montanus*）、红胸啄花鸟（*Dicaeum ignipectus*）、长尾缝叶莺（*Orthotomus sutorius*）、大山雀（*Parus major*）和白腰文鸟（*Lonchura striata*）。共有留鸟 78 种（占 54.5%）、冬候鸟 33 种（占 23.1%）、夏候鸟 18 种（占 12.6%）、过境鸟 15 种（占 10.5%）、繁殖鸟 96 种（占 67.1%）（常弘等，2001）。共记录国家Ⅱ级重点保护野生鸟类 13 种，CITES 附录Ⅱ鸟类 12 种，IUCN 受胁鸟类易危（VU）1 种，中国物种红色名录近危（NT）5 种，“三有”动物 96 种，广东省省级保护动物 3 种，中国特有种 1 种。两栖动物 2 目 7 科 18 种，包括中国特有种 4 种，国家Ⅱ级重点保护野生动物 1 种，CITES 公约附录Ⅱ 1 种，IUCN 濒危物种红色名录列为易危（VU）1 种、近危（NT）1 种。爬行动物共记录 3 目（含亚目）11 科 35 种，其中，中国特有种 5 种，受保护和受胁物种 6 种，国家Ⅰ级重点保护野生动物 1 种——蟒蛇（*Python molurus*）（唐跃琳等，2015）。

2. 水资源现状

根据《深圳市 2014 年度土地变更调查主要数据成果的公报》，2014 年罗湖区水域及水利设施用地为 5.80km^2，与 2013 年相同。根据《深圳市 2014 年水资源公报》，2014 年罗湖区水资源总量 8385 万 m^3。

1）饮用水源

罗湖区有水库两座，分别为深圳水库和横沥口水库。深圳水库作为主要供水水库，总库容 4577 万 m^3，集水面积为 60.5km^2。2014 年末蓄水量为 3189 万 m^3，同比减少 171.35 万 m^3，2014 年供水量为 52 079.92 万 m^3。2014 年由深圳市环境监测中心站对深圳水库进行监测。水质评价采用《地表水环境质量标准》（GB 3838－2002）Ⅲ类标准（河流）。监测结果表明，深圳水库水质达到国家地表水Ⅱ类标准，水质达标率为 100%，与上年持平。水库水质月份之间波动相对较小，变化不明显。从 2010 年至 2014 年综合污染指数均值方面来看，深圳水库总体水质保持稳定。2014 年全市 11 个主要水库中，深圳水库水质综合污染指数均值为 0.125，排在第 6 位。

横沥口水库 2014 年水质均值达到Ⅲ类标准。采用综合污染指数评价水库水质，2014 年综合污染指数均值为 0.17，比 2013 年水质略为转差。其中，2014 年的高锰酸盐指数、氨氮、石油类、粪大肠菌群项目的浓度相对 2013 年有小幅度升高。

2）*湖泊*

按照《"十一五" 城市环境综合整治定量考核指标实施细则》，对辖区内湖泊水体（仙湖、银湖、洪湖），每年 3 月和 9 月各采样一次，采用综合污染指数评价方法对上述水体水质进行评价，标准分别执行《地表水环境质量标准》（GB 3838—2002）Ⅲ类（仙湖）、Ⅴ类（银湖、洪湖）水质标准，监测和评价项目统一为 pH、溶解氧、高锰酸盐指数、生化需氧量、氨氮，共 5 项。此外，运用综合污染指数均值计算结果评价水质变化。监测结果表明，2014 年上述湖泊水体水质全部达到标准，水质达标率为 100%。仙湖、银湖、洪湖 2014 年综合污染指数分别为 0.38、0.25、0.27，仙湖、洪湖相比 2013 年略有下降，银湖有小幅度升高。

3）*河流*

本辖区内的主要河流是深圳河（罗湖段）、布吉河、沙湾河（深圳水库排洪河）、梧桐山河、落马石河。根据河流水环境功能区划分，深圳河、布吉河、沙湾河（深圳水库排洪河）为城市景观用水功能，适用《地表水环境质量标准》（GB 3838—2002）Ⅴ类标准；梧桐山河、落马石河属于一、二级水源保护区，适用《地表水环境质量标准》（GB 3838—2002）Ⅲ类标准。按照全市统一的算法，参照《地表水环境质量评价方法》（试行），采用最大单因子评价方法进行水质类别判定，评价指标为《地表水环境质量标准》（GB 3838—2002）中的除水温、总氮和粪大肠菌群以外的 21 项指标。

深圳河是深港界河，2014 年深圳河罗湖段全河段水质劣Ⅴ类，水质污染指数均值为 0.308，低于 2013 年的 0.322，同比下降 4.3%，水质大致持平。布吉河水质劣Ⅴ类，2014 年平均综合污染指数为 0.802，同比上升 33.8%。沙湾河整体水质劣Ⅴ类，处于重度污染水平，2014 年平均综合污染指数为 0.367，同比升高 47.7%。2014 年梧桐山河水质全年均值可达到地表水Ⅲ类标准，水质状况基本属于良好，2014 年梧桐山河水质污染指数均值为 0.04，上一年是 0.05，水质略有转好。2014 年落马石河水质监测值除粪大肠菌群外，水质全年均值可达到地表水Ⅲ类标准，水质状况基本属于良好。2014 年落马石河水质污染指数均值为 0.08，上一年是 0.08，水质大致持平。

在 2014 年度深圳市生态文明考核中，河流考核项目罗湖区得分 6.36 分（满分 7 分），高于全市各区平均分数 6.08 分。其中，径肚断面和鹏兴天桥西断面达到功能区标准，得满分。鹿丹村断面水质明显改善，其改善得分近满分。布吉河河口水质受布吉河二期整治工程施工影响，沙湾河河口因年中海鲜市场旁污水管爆裂，污水进入河道，水质变差，两河流失分近 0.64 分。

4）*废水污染来源*

罗湖区的废水主要由三种途径产生：工业污染、生活污染和医疗机构污染。

2014 年，罗湖区纳入环境统计的 47 家工业重点源废水排放量为 249.7 万吨，占全市工业重点源废水排放量（15 021.5 万吨）的 1.7%。重点源废水中主要污染物化学需氧量排放量为 262.649 吨，氨氮排放量为 20.998 吨，分别占全市总排量的 1.72%、1.64%。

2014 年生活污水排放量 11 107.27 万吨，生活污水量是主要工业废水排放量的 44 倍，可见罗湖区的水环境污染主要来源于生活污水。罗湖区的生活污水通过辖区内的罗芳污水处理厂和滨河污水处理厂集中处理。2014 年罗湖区城镇污水收集率为 90%以上。

罗湖区环保监测站每个季度对辖区内主要医疗单位的污水处理设施进行监测，2014 年共监测辖区内 23 家医疗单位的污水排放情况，主要监测项目为 pH、化学需氧量和粪大肠菌群，参照《医疗机构水污染物排放标准》（GB 18466—2005）。结果显示，pH 项目超标的有罗湖区中医院、深圳曙光医院、流花医院、深圳市心血管医院、深圳市人民医院留医部、深圳市职业病防治院；粪大肠菌群项目超标的医疗单位有罗湖区妇幼保健院、罗湖区慢性病院、罗湖区莲塘医院。

3. 土地资源现状

当前罗湖区的土地资源类型多样，有林地面积 38.90km^2，占整个罗湖区总面积的 47%［参考《深圳年鉴》（2015）］。罗湖区农用地面积很小，仅为 0.10km^2，占总面积不到 1%。罗湖区城市绿地面积为 4.62km^2，占罗湖区总面积的 5.6%。罗湖区湖库和湿地总面积为 4.92km^2，占罗湖区总面积的 5.9%。罗湖区一般建设用地为 28.51km^2，生态保护区内建设用地为 4.14km^2，无填海用地。其中，生态保护区用地指生态控制线和自然、水源保护区内的建设用地。未利用地指未利用或废弃闲置的土地，包括裸土地和采石场。2014 年，罗湖区裸土地和采石场等未利用地的总面积为 1.59km^2，其中裸土地面积为 1.58km^2，采石场面积为 0.01km^2。

4. 大气环境现状

罗湖区纳入环境质量分析的空气监测点有洪湖子站（国控）和南湖子站（市控）。2014 年空气质量指数（AQI）范围为 24～210，达到国家一级（优）和国家二级（良）的天数共 320 天，占全年监测有效天数（365 天）的 87.67%。2014 年二氧化硫年平均浓度为 0.007mg/m^3，同比下降 22.2%；二氧化氮年平均浓度为

0.045mg/m^3，同比下降 2.2%，在 1 月和 12 月达到最高值；可吸入颗粒物年平均浓度 0.061mg/m^3，同比上升 1.7%；一氧化碳 1.1mg/m^3，同比下降 6%；臭氧小时均值平均浓度 0.089mg/m^3，同比下降 26.4%，在 10 月达到最高值；细颗粒物年平均浓度为 0.037mg/m^3，下降 19.6%。二氧化硫和一氧化碳指标均符合国家环境空气质量二级标准。

降水 pH 年均值为 5.03，低于酸雨临界值 5.6。酸雨频率为 42.9%，降水 pH 和酸雨频率均优于全市平均水平，酸雨污染相对全市平均水平较轻。

2014 年，全区硫酸盐化速率年平均浓度为 0.08mg SO_3/（100cm^2·碱片·日），同比下降 20%；2014 年全区降尘量年平均值为 2.2t/(km^2·月)，同比上升 69.2%，符合广东省推荐控制标准［8t/(km^2·月)］。

造成空气污染的成因是多方面的，汽车尾气、工业废气、建筑扬尘、道路扬尘、外来源、气象条件等均影响空气质量。

5.2　自然资源资产负债评估体系应用实例

5.2.1　自然资源资产负债指标体系确立

在第 1 章已编制的自然资源资产负债表的基础上，我们结合了罗湖区的实际情况，得到符合罗湖区实际的自然资源资产负债指标体系。由于我们主要核算的自然资源类型（植被资源、湿地资源、水体资源和其他土地资源）在罗湖区中均存在，因此我们仅对这四类资源中附属的亚类指标进行了筛选。四类资源的指标体系保持不变（详见表 2-12 至表 2-15）。

5.2.2　自然资源资产负债核算结果与过程说明

1. 植被资源

植被资源资产负债核算结果如表 5-1 所示。

表 5-1　植被资源资产负债核算结果　　（单位：万元）

资产	价值	负债和所有者权益	价值
1. 实物性资产		1.负债	
1.1 林木资源	27 152.7	1.1 开发成本	0.0
1.2 林地资源	8 466.4	1.2 污染治理成本	0.0
1.3 城市绿地资源	1 138.6	1.3 超载补偿成本	384.0
合计	**36 757.7**	1.4 生态恢复成本	1 191.2

续表

资产	价值	负债和所有者权益	价值
2. 服务功能类资产		1.5 生态维护成本	（592.8）
2.1 涵养水源	112 600.0	1.6 应付职工薪酬	*
2.2 固碳释氧	4 195.0	合计	**2 168.0**
2.3 保育土壤	729.6	2.所有者权益	
2.4 净化大气	19 047.0	2.1 国家所有者权益	*
2.5 生物多样性保护	10 776.6	2.2 部门管理者权益	*
2.6 休憩价值	190 478.8†	2.3 业主经营者权益	*
合计	**337 827.0**	合计	**372 416.7**

* 应付职工薪酬是负债的重要账户，但具体数据难以获取；所有者权益在国家、部门管理者和业主经营者之间如何划分是国家政策层面的内容，不属于本资产负债体系的研究内容。() 内的数值因获取来源有限，可能与实际情况存在较大偏差。

† 由于数据获取的问题，并未考虑公共城市绿地、楼盘绿地和高尔夫球场等的休憩价值。

由植被资源资产负债表可知，植被资源的实物价值是远远小于其服务功能价值的。同时，植被资源的负债非常低。因此，植被资源是罗湖区自然资源资产的重要贡献者，需要限制其大规模开发利用。

具体计算过程如下。

1）实物账户计算

（1）林木资源：林木资源的计算公式为

$$V=P\times N$$

式中，V 为林木价值（元）；P 为单株市场价（元）；N 为总株数，公式可更改为

$$V=P\times n\times A$$

式中，n 为单位面积平均树木株数；A 为林地面积（m^2）。据《生态文明制度构建中的中国植被资源核算研究》，我国林木资源价值约为 849.20 元/m^3；《罗湖区植被资源调查（2014）》报告显示，罗湖区林木蓄积量为 319 744m^3。经计算可得，2014 年罗湖区的林木价值为 27 152.7 万元。

（2）林地资源：林地资源的计算公式为

$$V=P_a\times A$$

式中，V 为林地价值（元）；P_a 为单位面积林地交易价格（元/m^2）；A 为林地面积（m^2）。根据《生态文明制度构建中的中国植被资源核算研究》，我国林地资源价值约为 24 645.16 元/hm^2，而《罗湖区植被资源调查（2014）》报告显示，罗湖区林地面积为 3435.3hm^2。经计算可得，2014 年罗湖区的林地价值为 8466.4 万元。

（3）城市绿地：国土资源部提供的资料，罗湖区城市绿地总面积为 462hm^2，按林地资源价值 24 645.16 元/hm^2 来计算，可得绿地价值为 1138.6 万元。

2）服务类账户计算

根据《广东省森林生态系统服务功能评估》，所有的森林服务类资产的价值都可直接通过林地面积来进行评估。因此，我们将 2014 年罗湖区森林面积 3435.3hm^2 代入公式（见表 2-8）可分别得到以下服务类资产的价值。

（1）涵养水源价值：涵养水源价值包括两大块，分别为调节水量和净化水质。

调节水量的价值计算公式为

$$U_m = 10C_v \times A \times (P-E-C)$$

式中，U_m 为林分年调节水量价值（元/a）；P 为降水量（mm/a）；E 为林分蒸散量（mm/a）；C 为地表径流量（mm/a）；C_v 为水库建设单位库容投资（元/m^3）；A 为林分面积（hm^2）。根据《广东省森林生态系统服务功能评估》可知 2009 年广东省森林平均调节水量 3597.69m^3/(a·hm^2)，根据 1993～1999 年《中国水利年鉴》平均水库库容造价为 2.17 元/t，折算单位库容造价为 6.1107 元/m^3，故可将公式表达为

$$U_m = 219\,844.04 \times A$$

净化水质的公式为

$$U_{wq} = 10K \times A \times (P-E-C)$$

式中，U_{wq} 为林分年净化水质价值（元/a）；K 为水的净化费用（元/t）。根据《广东省森林生态系统服务功能评估》，2009 年广东省森林平均调节水量 3597.69m^3/(a·hm^2)，2005 年价格指数为 2.816，水的净化费用以林区居民用水平均价格 3.0 元/m^3 计，故可将公式表达为

$$U_{wq} = 107\,930.7 \times A$$

经计算，可得 2014 年罗湖区森林涵养水源的价值为 112 600.0 万元。

（2）保育土壤：保育土壤的价值包括固土价值和保肥价值。固土价值计算公式为

$$U_{sm} = A \times C_s \times (X_2 - X_1) / \rho$$

式中，U_{sm} 为林分年固土价值（元/a）；X_1 为林地土壤侵蚀模数[t/(hm^2·a)]；X_2 为无林地土壤侵蚀模数[t/(hm^2·a)]；C_s 为挖取和运输单位体积土方所需费用(元/m^3)；ρ为林地土壤密度（t/m^3）。根据《广东省森林生态系统服务功能评估》，2009 年广东省森林平均固土量 31.57t/(a·hm^2)，《森林生态系统服务功能评估规范》中，挖取单位面积土方费用的推荐使用价格为 9 元/t，故公式可改为

$$U_{sm} = 284.13 \times A$$

经计算，可得 2014 年罗湖区森林固土价值为 97.6 万元。

保肥价值计算公式为

$$U_f = A \times B_a \times (N_s \times C_1/R_1 + P_s \times C_1/R_2 + K_s \times C_2/R_3 + M_s \times C_3)$$

式中，U_f为林分年保肥价值（元/a）；B_a为林分净生产力[t/(hm^2·a)]；N为林分土壤含氮质量分数（%）；P_s为林分土壤含磷质量分数（%）；K_s为林分土壤含钾质量分数（%）；M_s为林分土壤含有机质质量分数（%）；R_1为磷酸二铵化肥含氮质量分数（%）；R_2为磷酸二铵化肥含磷质量分数（%）；R_3为氯化钾化肥含钾质量分数（%）；C_1为磷酸二铵化肥价格（元/t）；C_2为氯化钾化肥价格（元/t）；C_3为有机质价格（元/t）。根据《广东省森林生态系统服务功能评估》，2009 年广东省森林平均减少 N 损失 0.037t/(a·hm^2)，减少 P 损失 0.017t/(a·hm^2)，减少 K 损失 0.562t/(a·hm^2)，减少土壤有机质损失 0.597t/(a·hm^2)。依据农业部中国农业信息网 2007 年春季平均价格，磷酸二铵、氯化钾、有机质的价格分别为 2400 元/t、2200 元/t、320 元/t，故公式可改为

$$U_f = 1557.04 \times A$$

经计算，可得 2014 年罗湖区森林固土保肥价值为 632.0 万元。

（3）固碳释氧价值：固碳价值计算公式为

$$U_c = A \times C_c(1.63R_c \times B_a + F_{sc})$$

式中，U_c为林分年固碳价值（元/a）；B_a为林分净生产力[t/(hm^2·a)]；C_c为固碳价格（元/t）；R_c为 CO_2 中含碳质量分数（27.27%）；F_{sc}为单位面积林分土壤年固碳量[t/(hm^2·a)]。根据《广东省森林生态系统服务功能评估》，2009 年广东省森林平均固碳 3.30t/(a·hm^2)。森林固碳包括森林生物量的固碳和森林土壤固碳。根据林分净生产力和林分土壤固碳量，采用瑞典的碳税率 1200 元/t，故公式可改写为

$$U_c = 3960 \times A$$

释氧价值的计算公式为

$$U_o = 1.19C_o \times A \times B_a$$

式中，U_o 为林分年释氧价值（元/a）；C_o 为氧气价格（元/t）。根据《广东省森林生态系统服务功能评估》，2009 年广东省森林平均释氧 8.25t/(a·hm^2)，中华人民共和国卫生部氧气平均价格 1000 元/t，故公式可改为

$$U_o = 8250 \times A$$

经计算，可得 2014 年罗湖区森林固碳释氧价值为 4195.0 万元。

（4）净化空气：植被具有多方面的净化空气的作用，主要包括提供负离子、吸收空气污染物和滞尘作用。提供负离子价值的公式为

$$U_{ni} = K_{ni} \times Q_{ni}$$

式中，U_{ni} 为林分年提供负离子价值（元/a）；K_{ni} 为每个负离子生产费用（元）；Q_{ni} 为林分负离子密度（个/cm^3）。根据《广东省森林生态系统服务功能评估》，2009

年广东省森林平均生产负离子 76.36×10^{18}个/(a·hm^2)，依据《森林生态系统服务功能评估规范》的社会公共数据，负离子生产费用为 5.8185 元/10^{18}个，故公式可改为

$$U_{ni}=444.30\times A$$

吸收 SO_2 的公式为

$$U_{so_2}=K_{so_2}\times Q_{so_2}\times A$$

式中，U_{so_2} 为林分年吸收二氧化硫价值（元/a）；K_{so_2}为二氧化硫治理费用（元/kg）；Q_{so_2}为单位面积林分年吸收二氧化硫量[kg/(hm^2·a)]。根据《广东省森林生态系统服务功能评估》，2009 年广东省森林平均吸收二氧化硫 117.95kg/(a·hm^2)，国家发改委第四部委 2003 年《排污费征收标准及计算方法》中规定二氧化硫排污费收费标准为 1.20 元/kg，故公式可改为

$$U_{so_2}=141.54\times A$$

吸收氮氧化物的价值计算公式为

$$U_{nox}=K_{nox}\times Q_{nox}\times A$$

式中，U_{nox}为年吸收氮氧化物总价值（元/a）；K_{nox}为氮氧化物治理费用（元/kg）；Q_{nox}为单位面积林分年吸收氮氧化物量[kg/(hm^2·a)]。根据《广东省森林生态系统服务功能评估》，2009 年广东省森林平均吸收氮氧化物 8.94kg/(a·hm^2)，氮氧化物排污费收费标准为 0.63 元/kg，故公式可改为

$$U_{nox}=5.6322\times A$$

吸收氟化物的价值计算公式为

$$U_{hf}=K_{hf}\times Q_{hf}\times A$$

式中，U_{hf}为林分年吸收氟化物价值（元/a）；K_{hf}为氟化物治理费用（元/kg）；Q_{hf}为单位面积林分年吸收氟化物量[kg/(hm^2·a)]。根据《广东省森林生态系统服务功能评估》，2009 年广东省森林平均吸收氟化物 10.10kg/(a·hm^2)，氟化物排污费收费标准为 0.69 元/kg，故公式可改为

$$U_{hf}=6.969\times A$$

滞尘价值的计算公式为

$$U_{dc}=K_{dc}\times Q_{dc}\times A$$

式中，U_{dc} 为林分年滞尘价值（元/a）；K_{dc} 为降尘清理费用（元/kg）；Q_{dc} 为单位面积林分年滞尘量[kg/(hm^2·a)]。根据《广东省森林生态系统服务功能评估》，2009 年广东省森林平均滞尘 365 652.98kg/(a·hm^2)，一般性粉尘排污费收费标准为 0.15

元/kg，故公式可改为

$$U_{dc}=54\,847.95\times A$$

经计算，可得 2014 年罗湖区植被的净化大气价值为 19 047.0 万元。

（5）生物多样性保护价值：生物多样性保护价值的计算公式为

$$U_s=S_s\times A$$

式中，U_s 为林分年物种保育价值（元/a）；S_s 为单位面积年物种损失的机会成本［元/(hm^2·a)］；A 为湿地面积（hm^2）。计算物种保育依据了 Shannon-Wiener 指数，划分为 7 级；当指数＜1，S_s 为 3000 元/(hm^2·a)；当 1≤指数＜2，S_s 为 5000 元/(hm^2·a)；当 2≤指数＜3，S_s 为 10 000 元/(hm^2·a)；当 3≤指数＜4，S_s 为 20 000 元/(hm^2·a)；当 4≤指数＜5，S_s 为 30 000 元/(hm^2·a)；当 5≤指数＜6，S_s 为 40 000 元/(hm^2·a)；当指数≥6，S_s 为 50 000 元/(hm^2·a)。其中，不同林分类型对应的 Shannon-Wiener 多样性指数等级分布来源于《中国森林生态系统服务功能研究》，罗湖区林分类型及其面积来源于《罗湖区植被资源调查（2014）》。将数据代入公式可得，2014 年罗湖区森林提供的生物多样性保护价值为 10 776.6 万元。

（6）休憩价值：根据《广东省森林生态系统服务功能评估》，平均每人次游客带来旅游收入 425.1 元，而根据以往数据估测，罗湖区旅游景点（景区）全年累计接待游客 448.08 万人次，因此，罗湖区森林休憩价值为 425.1×448.08≈190 478.8 万元。其中，景区（景点）主要包括仙湖植物园、梧桐山风景区、东湖公园、洪湖公园、银湖旅游中心。由于数据获取的问题，并未考虑公共城市绿地、楼盘绿地和高尔夫球场等的休憩价值。

3）负债账户计算

（1）开发成本：政府对主要植被资源的开发过程的财政投入。并未查到 2014 年度罗湖区的森林开发投入，因此此处成本为零。

（2）污染治理成本：主要针对森林土壤污染的治理。2014 年，罗湖区并没有发生森林土壤污染事件，因而此处的成本为零。

（3）超载补偿成本：由《深圳市 2013 年度土地变更调查主要数据成果的公报》及《深圳市 2014 年度土地变更调查主要数据成果的公报》显示，罗湖区林地面积本年度减少了 32hm^2，参考《深圳市征地补偿标准（2011）》，山林地为 8000 元/亩，即相当于损失了 384.0 万元林地资源价值。

（4）生态恢复成本：生态恢复成本指当土地被开发利用后，对土地的生态功能进行恢复的投入。通过查阅罗湖区政务网的 2014 年度政府采购项目，我们查到了部分城市绿地和公园的开发和恢复成本，包括绿化景观升级、复绿勘察和公园修复等 20 项工程，不完全统计成本为 1191.2 万元。

（5）生态维护成本：根据《罗湖区二〇一四年度公共财政支出预算（草案）》，

与植被资源负债有关的环境监测与监察支出为 500 万元，而决算中节能环保支出已完成预算的 118.55%，据此估测实际支出约为 592.75 万元，但该数值因获取来源有限，可能与实际情况存在较大偏差。

2. 湿地资源

湿地资源资产负债核算结果如表 5-2 所示。

表 5-2　湿地资源资产负债核算结果　　（单位：万元）

资产	期末	负债和所有者权益	期末
3. 实物性资产		**3. 水体资源负债**	
3.1 产品供给	35.4	3.1 开发成本	0.0
合计	**35.4**	3.2 污染治理成本	0.0
		3.3 超载补偿成本	0.0
4. 服务功能类资产		3.4 生态恢复成本	0.0
4.1 涵养水源	176.7	3.5 生态维护成本	0.0
4.2 固碳释氧	43.0	3.6 应付职工薪酬	*
4.3 调节气候	115.6	合计	**0.0**
4.4 洪水调蓄	111.3	**4. 水体资源所有者权益**	
4.5 生物多样性保护	15.6	4.1 国家所有者权益	*
4.6 旅游娱乐**	0.0	4.2 部门管理者权益	*
合计	**462.2**	4.3 业主经营者权益	*
		合计	**497.6**

* 应付职工薪酬是负债的重要账户，但具体数据难以获取；所有者权益在国家、部门管理者和业主经营者之间如何划分是国家政策层面的内容，不属于本资产负债体系的研究内容。

** 由于仅有全区的所有旅游景点的综合统计数据，洪湖公园的旅游娱乐价值被统一计算在植被资源的旅游娱乐价值中。

与植被资源类似的，湿地资源的生态服务价值也远远大于实物价值，负债也非常低。在这里，湿地主要发挥的功能是涵养水源和调节气候。由于罗湖区湿地面积较小，许多原始数据无法获得，因此本部分的估算全部参照张翼然等（2015）的简化公式进行估算，全部实物和服务功能价值均基于湿地面积和我国单位面积服务价值来进行估算，具体计算过程如下所述。

1）实物账户计算

产品供给价值的计算公式为

$$U_{\mathrm{p}} = V_{\mathrm{p}} \times A$$

式中，U_p 为湿地产品供给价值（万元）；V_p 为单位面积湿地产品供给价值（万元/km^2）；A 为湿地面积（km^2）。根据张翼然等（2015）我国单位面积湿地产品供给价值的均值为 294.7 万元/km^2。根据罗湖区各类生态资源测算指标的遥感解译结果，2014 年罗湖区的湿地面积为 0.12km^2。计算可得，2014 年罗湖区湿地的产品供给价值为 35.36 万元。

2）服务类账户计算

（1）涵养水源价值：涵养水源价值包括两大块，分别为调节水量价值和净化水质价值。调节水量价值的计算公式为

$$U_m = V_m \times A$$

式中，U_m 为湿地调节水量价值（万元）；V_m 为单位面积湿地调节水量价值（万元/km^2）；A 为湿地面积（km^2）。根据张翼然等（2015），我国单位面积湿地调节水量价值为 893.3 万元/km^2。

净化水质的价值的计算公式为

$$U_{wq} = V_{wq} \times A$$

式中，U_{wq} 为湿地净化水质价值（万元）；V_{wq} 为单位面积湿地净化水质价值（万元/km^2）；A 为湿地面积（km^2）。根据张翼然等（2015），我国单位面积湿地净化水质价值为 578.9 万元/km^2。将 2014 年罗湖区湿地面积 0.12km^2 代入两个公式可得，湿地涵养水源的价值为 176.7 万元。

（2）固碳释氧价值：固碳释氧价值也分为两大块——固碳价值和释氧价值。固碳价值的计算公式为

$$U_c = V_c \times A$$

释氧价值的计算公式为

$$U_o = V_o \times A$$

式中，U_c 为固碳价值（万元）；U_o 为释氧价值（万元）；V_c 为单位面积湿地固碳价值（万元/km^2）；V_o 为单位面积湿地释氧价值（万元/km^2）；A 为湿地面积（km^2）。根据张翼然等（2015），我国单位面积湿地固碳价值为 180.2 万元/km^2，释氧价值为 178.0 万元/km^2。经计算得，2014 年罗湖区湿地固碳释氧价值为固碳价值加上释氧价值，为 43.0 万元。

（3）调节气候价值：湿地调节气候的价值计算公式为

$$U_{cl} = V_{cl} \times A$$

式中，U_{cl} 为湿地调节气候价值（万元）；V_{cl} 为单位面积湿地调节水量价值（万元/km^2）；A 为湿地面积（km^2）。根据张翼然等（2015），我国单位面积湿地调节气候价值为 963.4 万元/km^2。可得，2014 年罗湖区湿地调节气候的价值可达 115.6 万元。

（4）洪水调蓄价值：湿地洪水调蓄价值的计算公式为

$$U_f = V_f \times A$$

式中，U_f为洪水调蓄价值（万元/a）；V_f为单位面积湿地洪水调蓄价值（万元/km^2）；A为湿地总面积（km^2）。根据张翼然等（2015），我国单位面积湿地洪水调蓄价值为927.7万元/km^2。根据公式可得，2014年罗湖区湿地的洪水调蓄价值为111.3万元。

（5）生物多样性保护价值：湿地生物多样性保护价值的计算公式为

$$U_s = V_s \times A$$

式中，U_s为湿地生物多样性保护价值（万元）；V_s为单位面积湿地生物多样性保护价值（万元/km^2）；A为湿地面积（km^2）。根据张翼然等（2015），我国单位面积湿地生物多样性保护价值为130.4万元/km^2。根据公式可得，2014年罗湖区湿地的生物多样性保护价值为15.6万元。

（6）旅游娱乐价值：由于仅有全区的所有旅游景点的综合统计数据，洪湖公园的旅游娱乐价值被统一计算在了植被资源的旅游娱乐价值中，此处不再单独计算。

3）负债账户计算

（1）开发成本：并未查到2014年度罗湖区的湿地开发投入，因此此处成本为零。

（2）污染治理成本：主要针对对湿地污染的治理，缺乏相关资料。

（3）超载补偿成本：本年度罗湖区的湿地面积与去年持平，故不存在超载补偿问题。

（4）生态恢复成本：罗湖区政务网的2014年度政府采购项目并未包含任何与湿地生态恢复相关的公开招标项目，故认为此处支出为零。

（5）生态维护成本：罗湖区政务网的2014年度政府采购项目并未包含任何与湿地生态维护相关的公开招标项目，故认为此处支出为零。

3. 水资源

水资源资产负债核算结果如表5-3所示。

表5-3　水资源资产负债核算结果　（单位：万元）

资产	价值	负债和所有者权益	价值
5. 实物性资产		**5.负债**	
5.1 地表水资源	29 164.0	5.1 开发成本	0.0
5.2 生物资源	3 533.3	5.2 污染治理成本	0.0
合计	**32 697.3**	5.3 超载补偿成本	13 152.4
6. 服务功能类资产		5.4 生态恢复成本	43.2
6.1 地表水资源调蓄	3 365.2	5.5 生态维护成本	**16 900.0**

续表

资产	价值	负债和所有者权益	价值
6.2 水质净化	*	5.6 应付职工薪酬	*
6.3 洪水调蓄	9 185.6	合计	**30 095.6**
6.4 生物多样性保护	1 311.6	**6. 所有者权益**	
6.5 旅游娱乐	13 608.7	6.1 国家所有者权益	*
合计	**27 471.1**	6.2 部门管理者权益	*
		6.3 业主经营者权益	*
		合计	**30 072.8**

* 水质净化因数据获取的问题，暂不计为有效值。应付职工薪酬是负债的重要账户，但具体数据难以获取；所有者权益在国家、部门管理者和业主经营者之间如何划分是国家政策层面的内容，不属于本资产负债体系的研究内容。

其中，地下水资源已排除在罗湖区本年度考核范畴之外。

罗湖区的水资源资产大于湿地资源资产的总和，在所有自然资源资产中占据较大份额。除了水体对水质的净化功能外，其中贡献较大的是水体景观所提供的休闲游憩功能。数据来源主要是：《2014 深圳水资源公报》、深圳市自来水价格标准（深圳水务集团）、《深圳市计划用水办法》、《深圳市罗湖区 2014 年国民经济和社会发展统计公报》。

具体计算过程如下。

1）实物账户计算

（1）地表水资源：计算公式为

$$P=(p_1v_1+p_2v_2+p_3v_3)\times V/(v_1+v_2+v_3)$$

参照《2014 深圳水资源公报》，水资源总体积 V=8368 万 m^3；生产用水 v_1=7564.12 万 m^3；生活用水 v_2=6406.39 万 m^3；景观用水 v_3=389.13 万 m^3。

参照深圳市自来水价格标准（深圳水务集团）及《深圳市计划用水办法》特区内外统一实施阶梯水价，全市居民生活用水定额标准拟统一为月户均 22m^3。在定额标准 22m^3 之内，水价为 2.3 元/m^3；生产用水水价为 3.35 元/m^3；而在深圳市水务局公布的水资源费征收情况中，地表水征收标准中，农业灌溉“暂缓”征收水资源费。因此，在计算地表水生态价值时，我们将农业生产用水的价格按生产用水价格为准。景观用水价格也以生产用水价格为准，即 p_1、p_3 为 3.35，p_2 为 2.30，因此，地表水生态价值为 29 164.0 万元。

（2）主要生物资源：罗湖水产市场是深圳市品种最全、交易量最大的水产品批发市场，年交易量约 3 万吨，交易额 20 多亿元。其中，罗湖区水产品总量为 530t；水产品总值约为 3533.33 万元。

2）服务类账户计算

（1）地表水调蓄：罗湖区内地表水调蓄水体主要为水库，枯水期时几乎见底，所以最大水位差为丰水期水库储存水高。因此，地表水调蓄量取水库水储存量。地表水调蓄量为 3189 万 m^3；工业用水比例为 27.13%；农业用水比例为 4.36%；工业、农业用水价格为 3.35 元/m^3。根据公式 $E_h = T_w(\theta_g r_g + \theta_n r_n)$（表 2-10），可得地表水调蓄的服务生态价值为 3365.2 万元。

（2）净化水质：自然水体的净化水质服务功能体现为其能提供的供水量，因此，罗湖区地表水供水量的本地蓄水部分及地下水供水量，即净化水体量为 1503.84 万 m^3；污水处理 N、P 成本分别为 1500 元/m^3、2500 元/m^3。按照公式 $U = V \times C$，可算得水质净化生态价值为 6 015 360.0 万元。需要注意的是，在这里的水质净化并未考虑罗湖区水体本身的水质质量，水质质量的好坏会影响单位体积水体的净化能力，可通过水体自净容量体现。水体对有机污染物的自净能力，其大小与水体的自净条件、水中生物种群组成及污染物本身的性质有关。因此，该值具有显著偏大的可能性，故暂未计入总核算表中。

（3）洪水调蓄：罗湖区洪水调蓄主要承担主体为深圳水库，而水库调蓄洪水功能的价值可以利用其所保护耕地避免产生的综合农业损失来进行计量，平均综合农业受灾损失取 5532.9 元/km^2（赵同谦等，2003）。罗湖区的耕地面积为 27.33hm^2。由此，可计算出其洪水调蓄服务价值为 15.1 万元。

（4）生物多样性保护：指数 = 1.20，当 1≤指数<2 时，$S_s = 10\,000$ 元/($hm^2 \cdot a$)。根据公式 $U_s = S_s \times A$，可计算出水体年物种保育价值为 1311.6 万元。

（5）休闲游憩：罗湖区共有两个景点（景区），分别为东湖公园和洪湖公园，均为以水体为主的景区。两者均为免费公园。在计算其水体生态服务价值时，以“接待游客数×同类公园门票价格”作为最终参考总值。其中，游客数为 194.41 万人，参照深圳水上乐园的门票价格 70 元/人来计算，则罗湖区水体旅游娱乐价值为 13 608.7 万元。

3）负债账户计算

（1）开发成本、污染治理成本和生态维护成本：根据《罗湖区第三次全国经济普查主要数据公报（第三号）》和《深圳市罗湖区 2014 年国民经济和社会发展统计公报》，水利管理业、生态保护和环境治理业的行政事业及非企业法人单位年末资产分别为 200 万元、16 700 万元，共 16 900 万元。在本核算体系中，我们将这项支出视为水体资源负债中开发成本、污染治理成本、生态维护成本等的综合负债情况。我们将这项成本统计记为生态维护成本。

（2）超载补偿成本：2014 年，罗湖区从外地引入的水资源总量是 12 467.86 万 m^3，参照地表水调蓄功能的算法，将这部分水资源按比例换算成工业用水（27.1%）和农业用水（4.36%），按不同用水类型的价值进行此处的计算。

（3）生态恢复成本：可由水体的生态恢复工程的投入来表征。2014 年罗湖区环境与水务局对梧桐山的横排岭的水整治工程进行了公开招标，预计投入为 43.2 万元。

4. 其他土地资源

其他土地资源资产负债核算结果如表 5-4 所示。

表 5-4　其他土地资源资产负债核算结果　　（单位：万元）

资产	价值	负债和所有者权益	价值
7. 实物性资产		**7.负债**	
7.1 农业用地	2.2	7.1 开发成本	0.0
合计	**2.2**	7.2 污染治理成本	2.8
		7.3 生态恢复成本	0.0
		7.4 生态维护成本	10.4
		7.5 应付职工薪酬	*
8. 服务功能类资产	—	合计	**13.2**
无	—	**8.所有者权益**	
合计	—	8.1 国家所有者权益	*
		8.2 部门管理者权益	*
		8.3 业主经营者权益	*
		合计	**−11.0**

* 应付职工薪酬是负债的重要账户，但具体数据难以获取；所有者权益在国家、部门管理者和业主经营者之间如何划分是国家政策层面的内容，不属于本资产负债体系的研究内容。其中，闲置储备用地、临时复绿储备用地已排除在罗湖区本年度考核范畴之外。

由于罗湖区人口密度大，土地资源属于紧缺资源。对于其他土地资源而言，其实物价值也很可观。其中，农业用地会对水体、大气造成一定污染，产生农业固体废弃物，造成一定的负债。具体计算过程如下。

1）实物账户计算

农业用地：根据国土资源部提供的资料，深圳市单位面积居住用地、农业用地和商业服务设施用地的单位面积地价分别为 17 878 元/m^2、1887 元/m^2 和 24 826 元/m^2。因此，深圳市的平均单位面积地价可由以上地价的平均值作为估算，即 12 986 元/m^2。计算公式为

$$V=P\times A$$

式中，P 为单位面积土地交易价格（元/m^2）；A 为土地面积（m^2）。

根据国土资源部提供的资料，深圳市单位农业用地面积按照深圳市农业用地价格 1887 元/m^2 来计算，罗湖区农业用地面积为 10 万 m^2。根据计算公式，可得农业用地价值为 18 870.0 万元。另外，根据统计数据，2014 年罗湖区农产品的总产值为 3471.0 元。因此，农业用地总价值为 2.2 万元。

2）服务类账户计算

无。

3）负债账户计算

（1）土地开发和生态恢复成本：土地开发费用是指政府开发土地所发生的各种费用支出。由于在本体系中，我们考虑的其他土地类型仅为农业用地，因此开发成本仅包括农田开发过程中的供水、供电和配套设施费用。由于农业在罗湖区的经济体系所占比例非常低，故忽略此部分成本。

生态恢复成本指当土地被开发利用后，对土地的生态功能进行恢复的投入。并未获得相关数据。

（2）污染治理成本：包括以下三个部分。

a. 废水处理成本：农业废水处理成本的计算公式为

$$V = N \times U \times B$$

式中，N 为农业总产值（元）；U 为万元产值废水量（t）；B 为污水处理费（元/t）。罗湖区 2013 年农林牧渔业总产值为 3741 万元，每生产万元总产值大约将排放 7.13t 污水，农业类污水处理费为 1.05 元/t（按工业类算），因此，农业废水处理价值 $V = 3741 \times 10^4 \times 7.13 \times 10^{-4} \times 1.05 = 2.8$ 万元。

b. 固体废弃物处理成本：农业固体废弃物主要包括作物和牲畜产生废物和农业用材废弃物（如肥料袋、遮阳膜等）。由于无法查到农业固体废弃物的产生量，且农业在罗湖区的经济体系所占比例非常低，故忽略此部分成本。

c. 超载补偿成本：超载补偿成本是指政府部门需要支付的对自然资源过度开发或不合理利用，超过了自然资源承载力的那一部分成本。其中，涉及的主要问题包括：①高强度使用耕地，耕地面积减少；②水土流失等自然灾害。2014 年罗湖区并没有发生自然灾害，因此超载补偿成本最大可能是由于城市建设扩大，耕地逐年减少，土壤肥力下降，土壤性质恶化，农产品产量下降，无法满足日益增长人口的需要。因此，这里的超载补偿成本主要是指由于农产品产量下降而导致的一定成本的投入。数据无法获取。

（3）生态维护成本：主要是指水资源消耗价值（农业生活耗水），计算公式为

$$V = N \times W \times P$$

式中，N 为农业生产总值（元）；W 为万元农业产值用水量（t）；P 为农业用水价格（元/t）。罗湖区 2013 年农林牧渔业总产值为 3741 万元，罗湖区 2013 年万元 GDP 耗水量为 8.3t/万元，罗湖区非居民生活用水（农业用水）价格为 3.35 元/t。因此，$V = 3741 \times 10^4 \times 8.3 \times 10^{-4} \times 3.35 \approx 10.4$ 万元。

5.2.3　自然资源资产负债评估结果汇总与分析

1. 汇总表

2014 年度罗湖区的自然资源资产负债核算结果如表 5-5 所示。

表 5-5　2014 年度罗湖区的自然资源资产负债核算结果（单位：万元）

资产	价值	负债和所有者权益	价值
实物性资产		负债	
植被资源	36 757.7	植被资源	21 68.0
湿地资源	35.4	湿地资源	0.0
水体资源	326 97.3	水体资源	30 095.6
其他土地资源	2.2	其他土地资源	13.2
合计	69 492.6	合计	32 276.8
服务功能类资产		所有者权益	
植被资源	337 827.0	植被资源	372 416.7
湿地资源	462.2	湿地资源	497.6
水体资源	27 471.1	水体资源	30 072.8
其他土地资源	—	其他土地资源	−11.0
合计	365 760.3	合计	402 976.1
总计	435 252.9	总计	435 252.9

2. 结果分析

总体而言，罗湖区的资产价值排序为：植被资源＞水资源＞湿地资源＞其他土地资源；负债排序为：湿地资源＜其他土地资源＜植被资源＜水资源。其中，植被资源的实物性资产价值和服务类资产价值均居最高，分别贡献各类价值总和的 52.89%和 92.39%，这主要是由于罗湖区的有林地面积几乎是湖库和湿地总面积的 8 倍，约占全区总面积的一半，维系着丰富的动植物资源和较高的物种多样性。因此，保护与合理开发利用植被资源是罗湖区自然资源资产价值保持稳定和持续增长的关键。此外，之所以出现土地资源的实物价值较高，是由深圳市和罗湖区本身较高的土地交易价格决定的，且由于罗湖区的河流水质普遍较差，为了避免水体的水质净化功能被过高估计，因此暂未列入水资源的总资产中，致使该值偏低。在负债方面，造成水资源资产负债较高的很大一部分原因是由于罗湖区的水资源主要从外地引入所致，体现为较高的超载补偿成本和生态维护成本。

从所有者权益来看，除其他土地资源外，另三类自然资源资产均为正值，其排序为：植被资源＞水资源＞湿地资源＞其他土地资源。其中，植被资源的所有者权益超出湿地资源 900 多倍，超出水资源资产 10 倍有余。这表明罗湖区的自然资源资产仍存在较大的提升空间，根据现有的评估结果，可从以下两个方面进行优化提升：①开展受损湿地的生态恢复与生境重建；②加强地表水资源的保护与有效利用，通过水环境综合治理，提升水生生态系统的生产力、结构及功能的稳定性。

5.2.4 自然资源资产负债评估结果在离任审计中的应用示例

根据评估结果可见，罗湖区主要的自然资源资产是植被资源和水体资源。因此，可作为领导干部离任审计的重点核算资源类型。可从以下几个方面来考察领导干部对环境的作为：①考察当年自然资源资产流量（年末存量－年初存量），若存在自然资源资产非自然原因的大量流失，则视为对该方面自然资源的开发和保护失责；②考察当年自然资源资产的净资产价值（资产－负债），若存在明显负债，则意味着在该年度该领导干部在该项自然资源资产的保护和维护方面采取的措施成效差，应考虑改变保护和维护对策，寻求低成本高效率的自然资源资产保护对策；③与类似定位的区域进行横向比较，评估区域当前资源开发与保护策略的成效与优劣势；④对区域的自然资源资产负债情况进行时间上的纵向比较，总结区域的自然资源资产变化趋势，评估区域当前资源开发与保护策略的成效。

由于本示例中，我们仅评估了罗湖区 2014 年度的自然资源资产负债情况，因此，仅能进行第（2）项的考察。通过对 2014 年罗湖区自然资源资产负债的评估，我们可以看出，除了其他土地资源存在少量负债，罗湖区的植被、湿地和水体资源均呈现盈余，说明罗湖区对自然资源资产的保护和维护措施具有显著成效，应继续保持。

5.3 资源环境承载力评估与预警体系构建示例

5.3.1 资源环境承载力评估指标体系确立

遵循指标体系构建原则，参考国内外有关承载力研究文献，结合罗湖区实际情况，通过专家咨询、部门研讨等，并充分考虑数据资料的可获得性，最终确定罗湖区资源环境承载力评估指标体系由 8 大要素、25 个指标构成，见表 5-6。

表 5-6　罗湖区资源环境承载力评估指标体系

要素层	指标层	
土地资源承载力预警指标	人均建设用地负载强度	
	人均居住用地负载强度	
	人均耕地负载强度	
水资源承载力预警指标	水资源负载强度	
	单位 GDP 水耗	
生态环境承载力预警指标	林地资源负载强度	
	城市绿地资源负载强度	
	生态用地资源负载强度	
大气环境承载力预警指标	大气环境负载强度	SO_2 负载强度
		NO_2 负载强度
		PM_{10} 负载强度
		$PM_{2.5}$ 负载强度
	空气质量负载强度	
水环境承载力预警指标	河流水环境负载强度	COD 负载强度
		NH_4-N 负载强度
	生活生产污水处理负载强度	
声环境承载力预警指标	声环境负载强度	区域环境噪声负载强度
		道路交通噪声负载强度
		住宅环境噪声负载强度
固废环境承载力预警指标	工业固废处置利用负载强度	
	生活垃圾无害化处理负载强度	
	危险废物处置负载强度	
	医疗固体废弃物处理负载强度	
交通环境承载力预警指标	道路网负载强度	
	公共交通负载强度	

5.3.2　资源环境承载力核算结果与过程说明

1. 资源环境承载力标准值确定

对于多数指标，资源环境承载力都存在一个计算的标准值。通过查找大量相关国际、国家和城市制定的指标标准，我们将最适合罗湖区的各项指标的标准值汇总在表 5-7 中。

表 5-7　罗湖区承载力监测体系指标的标准值

指标	安全值	确定依据
人均建设用地面积 / m^2	105	《深圳市城市规划标准与准则》
人均耕地面积 / m^2	0.8	国际公认
人均居住用地面积 / m^2	23～36	《城市用地分类与规划建设用地标准（GB 50137—2011）》
人均水资源量 /（m^3/人）	3000	国际公认标准
单位 GDP 水耗 /（m^3/万元）	11	《罗湖区环境保护“十二五”规划指标体系》
单位 GDP 电耗 /（kwh/万元）	≈1000	《深圳市生态文明建设规划（2013—2020）》
人均绿地面积 /（m^2/人）	10	《城市用地分类与规划建设用地标准（GB 50137—2011）》
生态用地比例 / %	55	《国家生态文明建设试点示范区指标（试行）》
生活污水集中处理率 / %	95	国内公认
空气质量优良率 / %	100	《罗湖区环境保护“十二五”规划指标体系》
生活垃圾无害化处理率 / %	100	国内公认
危险废物处置率 / %	100	国内公认
工业固废处置利用率 / %	100	《罗湖区环境保护“十二五”规划指标体系》
道路网密度 /（km/km^2）	5～7	《城市道路交通规划设计规范（GB 50220—95）》
公共交通分担率 / %	60	《宝安区生态文明建设指标体系》

2. 资源环境承载力核算结果与计算过程说明

1）罗湖区 2014 年的资源环境承载力总体情况（表 5-8）

表 5-8　罗湖区 2014 年的资源环境承载力总体情况汇总表

要素层	指标层	标准值	实测值	指标类型*	承载度
土地资源	建设用地	32.56 万人	95.37 万人	负指标	0.34
	居住用地	49.35 万人	95.37 万人	负指标	0.52
水资源	水资源量	218.65m^3/人	150.58m^3/人	负指标	1.45
	单位 GDP 水耗	11m^3/万元	8.83m^3/万元	负指标	1.25

续表

要素层	指标层	标准值	实测值	指标类型*	承载度
水环境	COD	1407.58t/a	262.646t/a	负指标	5.26
	NH_4-N	40.43t/a	20.998t/a	负指标	1.92
	污水处理率	95%	90%	正指标	0.94
大气环境	SO_2	60μg/m^3	7μg/m^3	负指标	8.33
	NO_2	40μg/m^3	45μg/m^3	负指标	0.89
	PM_{10}	70μg/m^3	61μg/m^3	负指标	1.15
	$PM_{2.5}$	35μg/m^3	37μg/m^3	负指标	0.94
	空气品质优良率	100%	87.67%	正指标	0.88
固废环境	工业废物处理率	100%	87.50%	正指标	0.88
	生活废物处理率	100%	100%	正指标	1.00
	危险废物处理率	100%	100%	正指标	1.00
	医疗废物处理率	100%	100%	正指标	1.00
绿地环境	林地资源	259.23 万人	95.37 万人	负指标	2.70
	城市绿地资源	134.33 万人	95.37 万人	负指标	1.41
	生态用地比例	61%	55%	负指标	1.11
噪声环境	区域	55 分贝	56.8 分贝	负指标	0.97
	交通干道	70 分贝	69.6 分贝	负指标	1.01
	住宅	55 分贝	50.1 分贝	负指标	1.08
交通环境	交通容量	7000 辆/h	2795 辆/h	正指标	0.40
	公共交通分担率	60.00%	55.6%†	正指标	0.93

* 指标分为正指标和负指标两类，正指标是指那些指标实测值越大越好的指标，负指标指那些实测值越小越好的指标。

† 标出的公共交通分担率是深圳市的平均值。

2）具体计算过程

（1）土地资源。针对罗湖区的特点和全市土地利用现状、社会经济及科技发展水平，本研究对土地资源承载力评价采用单因子的评价法，主要对居住用地承载力、建设用地承载力、农业用地承载力、生态用地承载力、土地开发强度、土地人口承载强度和土地产出强度 6 个方面进行研究。

a. 建设用地承载力。国际相关研究表明城市满足人类生存发展和享受的土地需求为人均 140～200m^2，我国城镇建设用地国家标准是 60～120m^2，大于或等于这个指标，才能满足人类的城市生活基本需求（包括交通、居住及日常活动等）空间。根据《深圳市城市规划标准与准则》，人均建筑用地的标准值为 105m^2，按 2014 年现状建设用地面积 34.19km^{2}计算，则罗湖区建设用地可容纳人口 32.56 万人，远低于罗湖区现有常住人口数量。

b. 居住用地承载力。基于人口规模的居住用地承载力分析主要是从人均居住用地面积的指标来衡量现状居住用地所能承载的人口规模。

由于未能获得罗湖区 2014 年的居住面积数据，我们参考了《深圳市罗湖区分区规划（1998—2010）》居住用地面积：规划居住面积为 11.35km^2，人均居住用地面积为 16.2m^2/人。根据《城市用地分类与规划建设用地标准（GB 50137—2011）》，城市人均居住用地指标应为 23.0～36.0m^2。因此，罗湖人均居住用地面积过低。根据居住用地指标可计算出罗湖区可承载的人口规模为 49.35 万人。

c. 农业用地承载力。由于罗湖区的农业用地为国土红线的保护用地，其面积一直维持在 0.10km^2，故不纳入土地资源承载力的考量范围。

综上所述，罗湖区现状建设用地，尤其是居住用地，已经负载严重。

（2）水资源。水资源承载力的评价方法较多，通过单因子评价法，结合罗湖区的特点，选取人均水资源量、水资源可利用量、人均用水量、万元 GDP 耗水量和水资源利用强度进评价，并根据评价结果与国内其他城市及新加坡标杆城市的对比，分析罗湖水资源的现状水平。

a. 人均水资源量。人均水资源量用来衡量水资源的丰富程度，计算公式为

人均水资源量＝年度水资源总量/年度常住人口数量，单位：m^3/人。

罗湖区 2014 年水资源总量为水资源水量（8385 万 m^3）加上境外调水量（12 467.86 万m^3），共 20 852.86 万m^3。2014 年常住人口为 95.37 万人，则 2014 年罗湖区人均水资源量约为 218.65m^3/人。

b. 人均用水量。人均用水量指总用水量与总人口数量的比值。计算公式为

人均用水量＝总用水量/常住人口数量，单位：m^3/人。

2014 年罗湖区总用水量为 14 360.83 万m^3，常住人口为 95.37 万，故 2014 年罗湖区人均用水量为 150.58m^3/人。

c. 万元 GDP 水耗。万元 GDP 耗水量是用来衡量区域经济行为的用水效率，其大小直接反映出该区域水资源的利用效率，其计算公式为

万元 GDP 耗水量＝当年总用水量/当年 GDP 总量，单位：m^3/万元。

2014 年，罗湖区的地区生产总值为 1625.34 亿元，据此计算得出罗湖区万元 GDP 耗水量为 8.84m^3/万元。

国际上划定的水资源警戒线标准为人均 1750m^3，罗湖区为人均 218.65m^3。与其他国内大城市类似，罗湖区也未达到国际划定的水资源标准，但并未成为社会经济发展的主要限制因素。

（3）生态环境，主要包括林地资源承载力和城市绿地资源承载力。

a. 林地资源承载力。罗湖区年末森林覆盖率为 53.10%，森林总面积约为 38.47km^2。根据中华人民共和国环境保护部制定的《生态县、生态市、生态省建设指标（修订稿）》，平原地区的生态县森林覆盖率必须大于 18%。因此，罗湖区的森林覆盖面积至少应达到 14.16km^2，故至少应保证人均的森林资源消耗量为 14.84m^2/人。因此，罗湖区的林地承载力为 259.23 万人，远大于罗湖区的总人口数，说明森林资源充裕。

b. 城市绿地资源承载力。根据《深圳市罗湖区 2014 年国民经济和社会发展统计公报》，城市公共绿地面积为 16.12km^2，而根据《国家生态园林城市标准》，城市生态环境指标中建成区人均公共绿地不得少于 12m^2/人，因此，罗湖区的人均绿地资源承载力为 134.33 万人，大于罗湖区人口总数，说明城市绿地资源充足。从城市绿化覆盖率角度来看，罗湖区的绿化覆盖率达 64.5%，高于《国家生态园林城市标准》所要求的建成区绿化覆盖率≥45%。

生态用地能够发挥涵养水源、防止水土流失、改善环境质量等重要生态功能，是区域重要的生态安全屏障。2014 年，罗湖区生态用地面积 48.32km^2，人均生态用地面积为 50.66m^2，约为深圳市平均水平的 40%。

依据国内其他城市对区域绿色空间（生态用地）承载能力的研究，在不考虑空气流动的情况下，要维持二氧化碳和氧气平衡，每人至少需要 200m^2 的绿色空间。由此推算，罗湖区现状生态用地的人口承载力为 24.16 万人，远小于罗湖区现有的常住人口数目 95.37 万人。

（4）大气环境。大气环境承载力是环境承载力研究的一个重要内容，其研究方法主要有两种，即大气环境容量总量研究和管理目标总量控制研究。大气环境容量总量在研究中也有两种技术，一种是严格按当地大气边界层传输、扩散条件计算各种污染物允许排放量，另一种是按《国家制定地方大气污染物排放标准的技术方法》来计算规划区内大气污染物排放限值，后者在一定程度上也兼顾了地区性的边界层特点，比较宏观，方法简单、方便，可以比较方便地调试到国家下达的管理目标总量限值区间范围，故本书采用此方法进行计算。

a. 评价方法。评价方法主要涉及三个方面内容：排放量限值计算模式、大气污染物环境质量执行标准及总量控制区内大气功能分区。

首先，明确排放量限值计算模式。

根据 GB/T 3840—91《制定地方大气污染物排放标准的技术方法》计算规划区内大气污染物排放限值。

其计算公式为

$$Q_{ak} = \sum_{i=1}^{n} Q_{ak_i}$$

式中，Q_{ak}为总量控制区某种污染物年允许排放总量限值（万吨）；Q_{ak_i}为第 i 个功能区某种污染物年允许排放总量限值（万吨）；n 为功能区子区总数；i 为总量控制区内各功能区分区的编号；a 为总量；k 为某种污染物。各功能区污染物排放总量限值计算由下式决定，即

$$Q_{ak_i} = A_{k_i}\frac{S_i}{\sqrt{S}}$$

$$S = \sum_{i=1}^{n} S_i$$

式中，S 为总量控制区总面积（km^2）；S_i 为第 i 个功能区面积（km^2）；A_{k_i}为第 i 个功能区某种污染物排放总量控制系数[万吨/(a·km)]，由下式计算：

$$A_{k_i} = A \times C_{k_i}$$

式中，C_{k_i}为地方和国家有关大气环境质量标准所规定的与第 i 个功能区类别相应的年日平均浓度限值（mg/m^3）；A 为地理区域性总量控制系数（$10^4 km^2/a$）。按国家环境保护总局环境规划院《城市大气环境容量核定技术报告编制大纲》的补充说明计算 A 值，即

$$A = A_{min} + 0.1 \times (A_{max} - A_{min}) = 3.5 + 0.1 \times (4.9 - 3.5) = 3.64$$

其次，确定大气污染物环境质量执行标准。

大气污染物环境质量标准执行中华人民共和国国家标准《环境空气质量标准（GB 3095—2012）》。本次容量核定计算 SO_2、NO_2、PM_{10}、$PM_{2.5}$、TSP 五种污染物，各项污染物的标准见表 5-9。

表 5-9　环境空气质量标准

污染物名称	取值时间	浓度限值 /（μg/m³）	
		一级	二级
二氧化硫（SO_2）	年平均	20	60
	24h 平均	50	150
	1h 平均	150	500
二氧化氮（NO_2）	年平均	40	40
	24h 平均	80	80
	1h 平均	200	200
PM_{10}	年平均	40	70
	24h 平均	50	150
$PM_{2.5}$	年平均	15	35
	24h 平均	35	75

续表

污染物名称	取值时间	浓度限值 / ($\mu g/m^3$)	
		一级	二级
TSP	年平均	80	200
	24h 平均	120	300

最后，确定总量控制区内大气功能分区。

按照《广东省深圳市人民政府关于调整深圳市环境空气质量功能区划分的通知》（深府〔2008〕98 号），罗湖区的梧桐山国家森林公园及仙湖植物园被列为一类区，其他地区为二类区。

b. 大气环境容量计算结果。按前面阐述的计算方法、选取参数、质量标准和功能分区，计算结果见表 5-10。

表 5-10　罗湖区大气环境容量

地区名称	功能类别	区划面积 / km^2	环境容量 / (t/a)				
			SO_2	NO_2	PM_{10}	$PM_{2.5}$	TSP
梧桐山和仙湖植物园	一类	31.82	2 610	5 221	5 221	1 958	10 442
其他	二类	46.93	11 550	7 700	13 475	6 737	38 500
合计		78.75	14 160	12 921	18 696	8 695	48 942

由上表可知，全区五项大气污染物环境容量分别为：SO_2 14 160t/a、NO_2 12 921t/a、PM_{10} 18 696t/a、$PM_{2.5}$ 8695t/a、TSP 48 942t/a。

根据《深圳市罗湖区环境质量报告书（2014）》，2014 年罗湖区 SO_2 排放量为 2261t，NO_2 排放量为 14 536t，SO_2 排放量处于大气环境容量之内，但 NO_2 排放超标。从污染物浓度角度看，SO_2、NO_2、PM_{10} 和 $PM_{2.5}$ 在 2014 年的浓度分别为 $7\mu g/m^3$、$45\mu g/m^3$、$61\mu g/m^3$ 和 $37\mu g/m^3$，而《环境空气质量标准（GB 3095—2012）》中这四种污染物的浓度上限是 $60\mu g/m^3$、$40\mu g/m^3$、$70\mu g/m^3$ 和 $35\mu g/m^3$。因此，罗湖区 NO_2 和 $PM_{2.5}$ 略微超出标准，而 SO_2 和 PM_{10} 达标。

另外，罗湖区 2014 年空气质量优良天数为 320 天，优良率达到 87.67%，远高于 2013 年的 75.52%，但仍低于深圳市的平均水平。这说明对罗湖区的空气污染监控和治理工作仍需要进一步加强。

（5）水环境。罗湖区水资源主要包括河流、水库水资源和外调水资源。

a. 河流水环境容量。罗湖区境内河流主要为深圳河及其支流。深圳河是深圳与香港两地接壤的河流，流域面积 $312.5km^2$，其中香港新界地区流域面积 $125.0km^2$，占总流域面积 40.2%；深圳地区流域面积 $187.5km^2$，占总流域面积 59.8%。深圳河主要有莲塘河、沙湾河、布吉河、福田河、皇岗河、新洲河 6 条支流位于深圳境内，其中莲塘河、沙湾河、布吉河位于罗湖区，福田河、皇岗河、新洲河位于福田区；新田河、梧桐河、平原河位于香港境内。深圳河除干流外全是短小的雨源性河流，85%的径流主要集中在雨季的 5 个月，其余月份径流量甚小，基本没有纳污能力；河道中下游都是感潮性河段，受潮水顶托，河道水体交换速度慢。

因此，本案例主要计算深圳河的水环境容量。依据《国家环境保护“十二五”规划》中的总量控制指标，污染因子主要考虑 COD 和 NH_4-N。

由于罗湖河流自然径流量均较小，污染物浓度仅在河流纵向上发生变化、断面横向上变化不大，横向和垂向的污染物浓度梯度可以忽略，满足河流一维水质模型的适用条件，因此河流承载力计算均采用一维水质模型进行计算，计算公式为

$$W_i = 31.54^*(C^* \mathrm{e}^{\overline{\frac{Kx}{86.4^* u_i}}} - C_i)^*(Q_i + q_i)$$

式中，W_i 为第 i 个排污口容许排放量（t/a）；C_i 为河段第 i 个节点处的水质本底浓度（mg/L）；C 为沿程浓度（mg/L）；Q_i 为河道节点后流量（m^3/s）；q_i 为第 i 河段废水入河量（m^3/s）；u_i 为第 i 河段的设计流速（m/s）；K 为衰减系数；x 为河段长度（m）。

由于罗湖区河流水源包括境内天然条件补充和境外调水补充两部分，所以在计算河流环境容量时需要计算境内天然流量，排除境外调水的水资源增加的环境容量部分。

由于缺乏一些基础数据，如沿程污染物浓度、河流流量、流速等，以深圳河在罗湖境内的主要河流长度估算出深圳河天然流量 90%保证率下河流环境容量为 1166.88 COD t/a、34.08 NH_4-N t/a。

b. 饮用水源容量。罗湖区无近岸海域，深圳水库作为罗湖区唯一的饮用水源监测水库，正常蓄水位 27.60m，正常库容为 3520 万 m^3，总库容 4577 万 m^3，坝顶高 31.5m，流域面积为 60.5km^2。2014 年，深圳水库水质达标率为 100%，水质为优，达到国家《地表水环境质量标准（GB3838—2002）》Ⅱ类标准，与去年持平。2014 年，深圳水库的平均综合污染指数为 0.125，与去年相比增加了 11.6%，总体水质保持稳定。水库水及境外调水部分主要作为生活、生产用水，不考虑纳污能力。

c. 污水处理承载力。根据《深圳市罗湖区环境质量报告书（2014）》，2014 年罗湖区的生产生活污水处理率达到 90%。

d. 水环境承载力分析。

罗湖区水环境容量如表 5-11 所示。

表 5-11　罗湖区水环境容量

对象		环境容量 / (t/a)	
		COD	NH_4-N
河流	天然径流	1166.88	34.08
饮用水源		—	—
合计		1166.88	34.08

根据上述计算结果，罗湖区水环境容量为：1166.88 COD t/a，34.08 NH_4-N t/a。

根据《2014 年罗湖区环境状况公告》，罗湖区 COD 排放量为 262.646t，NH_4-N 排放量为 20.998t。从对污染物排放量和环境容量数据的分析可知，罗湖区 COD 和 NH_4-N 排放均在水环境容量范围内。

罗湖区人均水资源量 218.65m^3，人均用水量 150.58m^3，处于承载力范围内，但仍然与国际公认划定标准 1750m^3/人有一定差距。

（6）声环境。噪声承载率指声环境质量监测值与声环境质量标准的比值。根据罗湖区噪声环境监测现状，选取区域环境噪声、道路交通噪声和住宅环境噪声三个指标计算负载强度。计算公式为

$$声环境负载强度=声环境质量监测值/声环境质量标准值$$

a. 区域环境噪声负载强度。2014 年罗湖区城市声环境质量基本稳定，区域环境噪声处于轻度污染水平，全区域环境噪声等效声级平均值为 56.8 分贝，较去年下降 0.1 分贝。由于罗湖区的噪声监控点主要位于二类区域，以二类标准 55 分贝（昼 60/夜 50 分贝）来计算，区域环境噪声负载强度为 1.03，基本与标准持平。

b. 道路交通噪声负载强度。2014 年罗湖区道路交通干线噪声等效声级加权平均值为 69.6 分贝，与 2013 年持平。以 70 分贝为标准计算，道路交通噪声负载强度为 0.99，在标准线以内。

c. 住宅环境噪声负载强度。住宅环境以鹏兴花园为代表，噪声平均值为 50.9 分贝。以二类区域平均值 55 分贝为标准，住宅环境的噪声负载强度为 0.93，在标准线以内。

综上所述，2014 年罗湖区的区域环境噪声、道路交通噪声和住宅环境噪声这三个指标的负债强度基本在标准线以内，表明罗湖区的声环境状况良好，基本不会影响居民正常生活。

（7）固废环境。固体废弃物的负载强度是指区域的固体废弃物的产生量与固体废弃物的处理量之间的比值，当比值大于 1 时，表示该区域的固体废弃物处理能力处于负载状态，需要提高固体废弃物处理效率，增加废弃物处理设施。反之，表示区域有能力处理该区域产生的所有固体废弃物。负载强度等于固体废弃物处理率的倒数。

a. 工业固体废物处理的负载强度。2014 年罗湖区工业固体废物产生量为 2101t，工业废弃物综合量为 1839t。经计算，工业固体废弃物处理的负载强度为 1.14。

b. 生活垃圾无害化处理的负载强度。2014 年罗湖区清运的生活垃圾为 38.2 万吨，生活垃圾无害化处理率为 100%，即生活垃圾无害化处理的负载强度为 1。

c. 危险废物处理的负载强度。2014 年罗湖区工业危险废物产生量为 729t，处置利用量为 729t，处置利用率 100%，即危险废物处理的负载强度为 1。

d. 医疗废物处理的负载强度。2014 年纳入我区管辖的医院共 24 家，全部医院均与深圳益盛环保技术有限公司签订了医疗废物处置合同。2014 年医疗废物产生量为 787t，处置量为 787t，100%得到集中处置，即医疗废物处理的负载强度为 1。

根据《罗湖区环境保护“十二五”规划指标体系》，生活垃圾无害化处理率、工业废物、生活废物等处理率的标准值均为 100%。我们的结果显示，2014 年罗湖区除了工业废物的负债强度达到了 1.14 外，其他三类垃圾的处理率都达到了 100%，表明罗湖区政府基本有能力处理该区域的大部分废弃物，然而，工业的大力发展也伴随着工业废弃物的增多，造成工业垃圾处理的水平跟不上产生的水平，因此，需要提高工业固体废弃物处理效率，增加工业固体废弃物处理设施。

（8）交通环境，主要评价方法、罗湖区城市路网承载力分析、公共交通分担率方面进行阐述。

a. 评价方法。对于路网容量的计算，一般分为两大类方法。第一类是时空资源消耗法，认为交通道路资源设施在一定时期内是有限的，交通流中的交通个体会占用道路设施一定的空间和时间，产生了时空资源的消耗，因此，在考虑路网道路的有效车道长度、机动车实际行驶时间、车头时距、路口信号折减系数等因素的情况下，计算出路网所能容纳的机动车辆数。第二类是优化方法，即通过线性规划、双层规划、图论网络理论的最大流最小割集等优化方法，求解在给定能力、可行流等约束下的最大流量极值。

但目前对于路网容量的定义和计算，存在两个主要的问题。一是认为路网容量是一个静态的最大值；二是各种方法计算出来的路网容量作为交通供给，大部分只有理论意义，很难与作为交通需求的城市居民出行行为，以及由此形成的动态交通流量进行匹配分析，这样也就无法动态地、准确地反映一个城市的交通状态。

本研究采用路网交通承载力的概念来描述城市道路设施的供给能力。路网交通承载力定义为在一定的路网规模下所能承载的单位小时标准车（passenger car unit，PCU）车辆周转量。路网交通承载力是一个动态的概念，不同的交通流量和速度服务水平下对应的路网交通承载力是不同的。根据相关城市道路设计规范，一条车道的理想通行能力为 1500 PCU/h，此时对应的车速为 60km/h。因此，定义路网理想交通承载能力为在平均车速 60km/h，平均每车道交通流量 1500 PCU/h 的条件下，一定路网规模所能承担的每小时车辆周转量［veh/(km·h)］。

道路交通承载能力主要由道路长度、道路等级结构、车道通过能力等决定。不同等级道路具有不同的道路宽度和车道数，按照道路等级考虑车道参数，并且考虑平面交叉口对通行能力的折减（其中，全立交快速路考虑出入口折减），换算为单向标准车道长度。在模型中定义城市道路网络理想交通承载力为

$$\mathrm{RC}=1500\times\sum_{i=1}^{5}\lambda_i\mu_i R_i$$

式中，RC 为路网理想交通承载力［veh/(km·h)］；i 代表道路等级，1 为快速路，2 为主干路，3 为次干路，4 为支路，5 为街坊路；λ_i 为 i 等级道路包含的车道数量参数；μ_i 为 i 等级道路信号交叉口（或出入口）折减系数；R_i 为 i 等级道路长度（km）。

不同等级道路的车道构成不同，按照我国相关城市道路设计建设规范，λ 的取值一般为城市快速路是双向 6 车道，主干路一般是双向 4～6 车道，次干路是双向 4 车道，支路是双向 2 车道，街坊路一般只有 1 个车道。

平面交叉口信号折减系数 μ 不可能达到 50%的理想绿灯时间利用率，实际上根据路口范围的大小，以及信号相位（两相位、三相位、四相位）的不同，考虑启动损失时间和清尾损失时间的影响，一般 μ 的取值在 0.41～0.45，本研究取中间值 0.43。对于无平面交叉口的城市快速路不存在平面交叉口影响，但快速路的出入口对能力有影响，根据出入口的位置和数量，城市快速路出入口折减系数 μ 一般取值在 0.92～0.96。

b. 罗湖区城市路网承载力分析。根据现有资料，罗湖区 22 条道路长度合计 60.27km，其中主干道长 10.67km，次干道长 49.60km。将上述参数代入路网交通承载力计算公式，得出罗湖区路网理想交通承载能力 RC = 16.926 万 veh/(km·h)。若以理想车速 60km/h 计，每小时可承担的车辆为 2821.02 辆。见表 5-12。

表 5-12　罗湖区各类道路承载力情况

类型	主干道	次干道	合计
长度 / km	10.67	49.60	60.27
理想承载力 /［veh/(km · h)］	688.22	2 132.80	2821.02

根据罗湖区城市交通运作现状，泥岗东路车流量已达到 9905 辆/h，已经远远超过现有高快速路的承载能力。作为次干道的沿河北路车流量也达 6800 辆/h，罗湖区道路交通运作现状已超过现有承载力。

c. 公共交通分担率。2014 年深圳市全市的公共交通分担率是 55.6%，暂无罗

湖区的公共交通分担率数据。借鉴《宝安区生态文明建设指标体系》标准，公共交通的分担率应达到60%，这说明深圳市的公共交通承载力有待进一步优化提升。

根据《城市道路交通规划设计规范（GB 50220—95）》和《宝安区生态文明建设指标体系》，交通容量和公共交通分担率的标准值分别为 2795 辆/h 和 60%，而我们的结果显示，2014 年罗湖区交通容量和公共交通分担率的负债强度分别达到了 2.50 和 1.08，表明罗湖区的交通运作现状已经远远超过道路的承载能力，这可能与人们经济生活水平提高，私家车辆逐渐增多有关。政府应该采取相应的措施控制私家车辆的数量。

（9）补充说明。由于罗湖区本身不具备能源资源供给能力，也较少有农林牧产品供给，因此能源资源和生物资源并未纳入资源环境承载力的评估体系中。

5.3.3 资源环境承载力预警指标体系确立

在评估指标体系的基础上，我们将各类资源环境要素分为了三个等级。第一级是居民赖以生存的基本资源，包括土地资源和水体资源；第二等级是与居民生活质量密切相关的一些环境要素，包括水环境、大气环境和固废环境；第三等级是其他会影响居民生活质量的资源和环境要素，包括能源资源、生态资源、声环境和交通环境。根据等级，由专家打分给各项指标赋予了响应的权重：第一级的权重值最大（0.16），第三级最小（0.09），而第二级居中（0.13～0.14）。由此，罗湖区资源环境承载力预警指标体系见表 5-13。

表 5-13　罗湖区资源环境承载力预警指标体系

要素等级	要素层	指标层		权重
第一级	土地资源承载力预警指标（权重 0.16）	人均建设用地负载强度		0.08
		人均居住用地负载强度		0.08
	水资源承载力预警指标（权重 0.16）	水资源负载强度		0.08
		单位 GDP 水耗		0.08
第二级	水环境承载力预警指标（权重 0.14）	河流水环境负载强度	COD 负载强度	0.05
			NH_4-N 负载强度	0.05
		生活生产污水处理负载强度		0.04
	大气环境承载力预警指标（权重 0.13）	大气环境负载强度	SO_2 负载强度	0.02
			NO_2 负载强度	0.02
			PM_{10} 负载强度	0.02
			$PM_{2.5}$ 负载强度	0.02
		空气质量负载强度		0.05

续表

<table>
<tr><th>要素等级</th><th>要素层</th><th colspan="2">指标层</th><th>权重</th></tr>
<tr><td rowspan="4">第二级</td><td rowspan="4">固废环境承载力预警指标（权重 0.14）</td><td colspan="2">工业固废处置利用负载强度</td><td>0.04</td></tr>
<tr><td colspan="2">生活垃圾无害化处理负载强度</td><td>0.04</td></tr>
<tr><td colspan="2">危险废物处置负载强度</td><td>0.03</td></tr>
<tr><td colspan="2">医疗固体废弃物处理负载强度</td><td>0.03</td></tr>
<tr><td rowspan="8">第三级</td><td rowspan="3">生态环境承载力预警指标（权重 0.09）</td><td colspan="2">林地资源负载强度</td><td>0.03</td></tr>
<tr><td colspan="2">城市绿地资源负载强度</td><td>0.03</td></tr>
<tr><td colspan="2">生态用地资源负载强度</td><td>0.03</td></tr>
<tr><td rowspan="3">声环境承载力预警指标（权重 0.09）</td><td rowspan="3">声环境负载强度</td><td>区域环境噪声负载强度</td><td>0.03</td></tr>
<tr><td>道路交通噪声负载强度</td><td>0.03</td></tr>
<tr><td>住宅环境噪声负载强度</td><td>0.03</td></tr>
<tr><td rowspan="2">交通环境承载力预警指标（权重 0.09）</td><td colspan="2">道路网负载强度</td><td>0.05</td></tr>
<tr><td colspan="2">公共交通负载强度</td><td>0.04</td></tr>
</table>

注：本体系中，各权重系数由专家组评分给出。

5.3.4 资源环境承载力警度确定

根据 2014 年罗湖区资源环境承载力评估结果和各指标的权重，结合表 3-6 资源环境承载力警度划分等级，各项资源环境要素的承载力警度及罗湖区资源环境承载力综合警度汇总结果如表 5-14 所示。

表 5-14　罗湖区资源环境承载力警度评估结果汇总

要素等级	要素层	承载度	警度
第一级	土地资源	0.43	中警
	水资源	1.35	无警
第二级	水环境	2.84	无警
	大气环境	2.08	无警
	固废环境	0.75	轻警
第三级	生态环境	1.74	无警
	声环境	1.02	无警
	交通环境	0.63	轻警
综合		1.39	无警

根据计算可知，罗湖区的资源环境承载力总体大于 0.8，警度等级为无警，说明罗湖区的资源环境承载力需求尚处于自然承载范围内。但存在个别资源环境要素存在超载情况。超载最为严重的是土地资源（承载度 = 0.43，警度为中警），其次是交通环境（承载度 = 0.63，警度为轻警）和固废环境（承载度 = 0.75，警度为轻警）。

5.3.5 资源环境承载力结果分析与承载力优化提升建议

1. 存在问题

在计算各类资源环境承载力和负载强度的基础上，指出各要素存在的压力与挑战，分析问题产生的原因，为承载力优化提升对策的提出提供参考。

1）建设、居住用地严重不足，人口超载严重

土地是人类赖以生存的基本资源，在资源环境承载力研究中处于首要分析地位。罗湖呈现“一半山水一半城”的生态格局，土地资源尤为珍贵。虽然 2014 年林地资源、城市绿地、生态用地充足，人均面积多，但是根据罗湖区建设用地和居住用地面积及相关人均用地标准，这两类土地容纳人口分别为 32.56 万人和 49.35 万人，均远低于 2014 年罗湖区常住人口 95.37 万人，负载严重。

2）整体自然水资源不充裕，部分河流水体污染

罗湖区人均水资源量 218.65m^3，人均用水量 150.58m^3，处于承载力范围内。但仍然与国际划定标准（1750m^3/人）有一定差距。罗湖区主要饮用水源深圳水库达到国家地表水Ⅱ类标准，水质达标率 100%，深圳河水环境纳污能力尚可，污染因子主要考虑 COD 和 NH_4-N 排放，在承载范围内。罗湖区境内所有监控河流除梧桐山河和落马石河能达到地表水Ⅲ类标准外，其余监测断面水质均劣于国家《地表水环境质量标准》（GB 3838—2002）Ⅴ类标准，部分河流水质污染状况依然存在问题，需要加强监管与治理。

3）空气质量优良率较低，大气污染复合型问题突出

2014 年，空气质量优良率为 87.67%，同比优良天数增加 48 天，优良率上升 12.15%。全市环境空气质量优良率为 95.60%，与全市其他各区相比优良率较低。

2014 年 SO_2、NO_2、PM_{10}、CO、O_3、$PM_{2.5}$ 六项因子的年均浓度分别为 7μg/m^3、45μg/m^3、61μg/m^3、1.1mg/m^3、89μg/m^3、37μg/m^3。除了 PM_{10} 较 2013 年有所增加，其他因子同比 2013 年年均浓度均有不同程度的下降。尽管大气治理效果显著，但仍差于深圳市的平均水平。

空气污染的成因是多方面的，具有一定的复杂性，汽车尾气、工业废气、建筑扬尘、道路扬尘、外来源、气象条件等均会影响空气质量。

4）交通拥挤严重，公共交通分摊力度不够

作为深圳东向发展轴上的重要城市中心组团，罗湖区拥堵的交通状况早已饱受诟病。2013 年 9 月，深圳市交委首次发布各区交通运行指数，结果显示罗湖区指数为 3.20，成为 10 个行政区域中最拥堵的区域。2014 年交通容量负载强度更是达到 2.5，形势非常严峻。

5）工业固废处理能力有待加强

2014 年罗湖区的工业固废处理的负载超过了罗湖区本身的工业固废处理能力，处于负载状态。

2. 优化提升建议

基于罗湖区各类资源环境承载力和负载计算结果，土地资源、水资源和水环境、大气环境、交通环境超出负载严重。因为土地、水、大气是人类赖以生存的基本要素，因此要引起特别重视，其承载力优化也应着重考虑。

1）优化土地配置，深挖土地潜力

作为中心城区的罗湖是深圳最早开发的城区，土地资源难以为继、发展空间受限的困境尤为突出。在保护好罗湖"一半山水一半城"的基础上，致力于紧凑型城市的建设，力争把罗湖创建成为国家级的国土资源节约集约先锋模范区。利用城市更新挖掘可用空间；通过推进旧改实现片区升级；灵活创新模式保证改造顺利；用集约式发展破解土地之困；发展电子商务推动企业转型；精品绿道建设共享生态文明。总之，为了在有限的土地资源上实现更大的发展，要加快城市更新、土地整备，给土地"定位"规划先行引导城市更新，充分挖掘存量土地潜力，在规划融合推动城市建设、土地市场配置、土地二次开发利用、土地利用发展方式转变推动产业转型升级、地下空间开发利用等方面不断探索，构建高度城市化地区土地节约集约利用的新模式与新机制。

2）加强水体资源保护和水质污染治理力度

划出水资源开发利用红线、用水效率控制红线、水功能区限制纳污红线等"三条红线"，进一步深化水资源管理，完善引水、境外调水建设，形成连通市内主要水库的水源输配水网络，不断增强水资源调配能力。提高对水资源重要性的认识，强化现有河流、水库和湿地等水资源的保护，逐步恢复被破坏的水生态系统。实行更加严格的水面资源管理制度，加强对流域水系特别是湿地的保护，正确处理建设用地与地下水和地表水关系，保持水面占补平衡。

罗湖区河流和湖库坑塘水质整体较差，为防止水资源的进一步破坏、浪费和严重污染，应加强对水资源的恢复治理工作，实施"河长制"，全面推进河流污染治理大会战，促进罗湖区河流水质污染的全面治理和恢复。进一步完善布吉河沿河截污工程，着重考虑进行布吉河流域生态恢复，推动罗芳污水处理厂提标扩容，加强河道清淤和河面保洁，加强莲塘河的综合整治。

3）提升空气环境质量的对策

（1）机动车尾气污染防治。加强机动车车检、抽检执法工作，加大对超标排放车辆的查处力度，加强车辆的疏导，采取有效措施缓解交通拥堵现象，全面推进机动车环保定期检验和环保标志管理制度。彻底淘汰黄标车，鼓励使用清洁能源，尤其是新能源公交车，促进“公交优先”战略实施。出台相关政策，限制私家车使用频次。推动柴油公交车辆安装颗粒捕集器，加强环境交通设施投入，改善交通环境。

（2）施工工地及运输道理扬尘控制。督促施工单位严格按照扬尘防治规范要求落实扬尘防治措施，做好施工围挡、洒水压尘和裸土复绿，对违规施工单位责令整改；利用科技手段提升扬尘污染控制及监管水平，加强物料运输道路的扬尘监管，在土石方工地推广出口淤泥渣土运输车辆自动喷淋系统，严禁泥头车带土上路，加强道路的清扫保洁力度。

（3）加强生活污染源的管理。继续加强餐饮油烟污染控制，继续做好珠宝废气治理工作。通过加大执法、管理力度机制来提高油烟在线监控系统运行率及排放达标率，同时加强对在线监控系统的后续维修护养工作。加大执法力度，强化对无油烟净化设施的露天烧烤的管理。

（4）加强挥发性有机物污染控制。强化对电子、印刷、家具、汽修等产生 VOC 的行业管理，推广使用水性涂料和喷漆，所有工业项目使用高挥发性涂料的涂装工序必须密闭作业，喷涂车间必须安装废气处理设施，涂装生产线有机废气收集率和净化率达到 90%以上。

（5）进行罗湖区空气质量的科研。建议聘请专业机构，全面研究我区大气环境质量状况、各项污染物来源及变化趋势，对 $PM_{2.5}$ 来源进行解析，从而制定更有针对性的改善空气质量的具体措施。对现有两空气子站地理位置、监测条件进行比对，在规范允许范围内进行调整，以客观反映罗湖空气状况，从而采取有效措施进一步改善罗湖空气质量。

4）建设疏堵工程，发展地下交通及高科技代步设施

由于受到东部自然山体和水库的限制，罗湖区东西向路网延展不完全，布心路、滨河大道等 4 条主通道在东部都汇集至罗沙路单一通道，极易发生拥堵。因此，实行罗湖区东部区域交通“扩容增供、分流减压”近远期结合的规划方案，建设疏堵工程。改善滨河大道—罗沙路通道，提高南部走廊交通容量；远期新建沿一线，形成南部复合通道，进一步缓解拥堵；拓宽改造布心路、爱国路高架，提高道路通行能力；东延深南东路、增设东部过境通道的莲塘出入口，分流罗沙路、罗芳立交交通压力。发展地铁，实行私家车交通管制等。

5）防止固废污染，优化噪声环境

固体废弃物影响环境整洁度，减弱环境承载力。因此，进一步加强对固体废物产生单位、企业的巡查力度；完善转移联单收集等相关机制；开展危险废物规范化管理工作，完成辖区 10 家一类重点汽修企业规范化管理；联合相关部门对辖区医院、门诊部、珠宝加工企业开展固体废物处置情况专项检查，严厉打击违法行为，确保固体废物 100%安全处置。

噪声严重影响生活质量，因此要加强交通噪声污染防治，强化施工噪声污染防治，推进社会生活噪声污染防治，深化工业企业噪声污染防治，推动市相关部门，尽早开展丹平快速干道后期工程的建设，以解决丹平快速干道出口及布心路长期堵车导致交通噪声上升的问题。

主要参考文献

宝安区环境保护和水务局. 2013. 宝安区生态文明建设指标体系 [EB/OL]. 北京: 中国计划出版社.

常弘, 张国萍, 柯亚永, 等. 2001. 深圳梧桐山夏季鸟类群落结构及生物量的研究[J]. 中山大学学报(自然科学版), 40(1): 89-92.

董仕勇, 陈珍传, 张宪春. 2005. 深圳梧桐山蕨类植物区系[J]. 热带亚热带植物学报, 13(4): 358-362.

国家环境保护总局. 2003. 生态县、生态市、生态省建设指标(试行). 环境保护 [J]: 21-28.

黄玲. 2015. 深圳年鉴 [M]. 深圳: 深圳市史志办公室.

贾凤龙, 梁铬球, 陈振耀, 等. 2000. 梧桐山甲虫物种多样性[J]. 生物多样性, 8(2): 169-171.

贾渝, 吴鹏程, 汪楣芝. 2001. 深圳梧桐山苔藓植物区系[J]. 贵州科学, 19(4): 16-22.

李锋, 陶青, 陈柏承, 等. 2014. 广东深圳梧桐山国家森林公园哺乳动物物种资源调查[J]. 广东农业科学, 41(3): 140-144.

罗湖区环境保护和水务局. 2014. 深圳市罗湖区环境质量报告书（2014）[EB/OL].

深圳市规划和国土资源委员会. 1998. 深圳市罗湖区分区规划（1998—2010）[EB/OL].

深圳市规划和国土资源委员会. 2015. 深圳市城市规划标准与准则 [EB/OL].

深圳市环境保护局. 2008. 深圳市环境空气质量功能区划分 [EB/OL].

深圳市罗湖区环境保护和水务局 2011. 罗湖区环境保护“十二五”规划指标体系 [EB/OL]. 北京: 中国建筑工业出版社.

深圳市人居环境委员会. 2014. 深圳市生态文明建设规划（2014—2020）[EB/OL].

深圳市水务局. 2016. 2015 年水资源公报 [EB/OL].

唐跃琳, 陶青, 陈永锋, 等. 2015. 广东梧桐山国家级风景名胜区两栖爬行动物多样性研究[J]. 四川动物, 34(5): 767-772.

陶青, 唐跃琳, 陈永锋, 等. 2015. 广东梧桐山国家级风景名胜区鸟类多样性研究[J]. 林业资源管理, (4): 115-123.

温健, 李文华, 贾彩娟, 等. 2015. 深圳梧桐山风景区昆虫资源调查及群落结构分析[J]. 环境昆虫学报, 37(3): 517-525.

许建新, 蓝颖, 刘永金, 等. 2009a. 深圳梧桐山风景区人工林群落调查分析[J]. 广东林业科技, 25(2): 44-51.

许建新, 刘永金, 王定跃, 等. 2009b. 深圳梧桐山风景区主要植物群落结构特征分析[J]. 林业调查规划, 34(2): 29-36.

余甜甜. 2016. 深圳市梧桐山风景区蛾类物种编目调查 [D]. 广州: 华南农业大学.

张玲, 王晓明, 刘永金. 2006. 深圳梧桐山风景区桫椤种群现状及其生态保护对策[J]. 逻辑学研究, 26(9): 202-210.

张翼然, 周德民, 刘苗. 2015. 中国内陆湿地生态系统服务价值评估——以 71 个湿地案例点为数据源[J]. 生态学报, 35(13): 4279-4286.

赵同谦, 欧阳志云, 王效科, 等. 2003. 中国陆地地表水生态系统服务功能及其生态经济价值评价[J]. 自然资源学报, (04): 443-452.

中华人民共和国建设部. 1995. 城市道路交通规划设计规范[M].

中华人民共和国住房和城乡建设部. 2010. 国家园林城市标准 [EB/OL].

中华人名共和国环境保护部. 2013. 国家生态文明建设试点示范区指标（试行）[EB/OL].

中华人名共和国住房和城乡建设部. 2011. 城市用地分类与规划建设用地标准[M].

GB 3838—2002. 地表水环境质量标准[S].

GB/T 3840—1991. 制定地方大气污染物排放标准的技术方法[S].